世界上没有垃圾，
只有放错位置的财富

姚宇峰 著

辽宁人民出版社

ⓒ 姚宇峰　2016

图书在版编目（CIP）数据

世界上没有垃圾，只有放错位置的财富 / 姚宇峰著.
— 沈阳：辽宁人民出版社，2017.4
ISBN 978-7-205-08848-4

Ⅰ．①世… Ⅱ．①姚… Ⅲ．①成功心理—通俗读物
Ⅳ．① B848.4-49

中国版本图书馆 CIP 数据核字 (2017) 第 033788 号

出版发行：辽宁人民出版社
　　　　　地址：沈阳市和平区十一纬路 25 号　邮编：110003
　　　　　电话：024-23284321（邮　购）　024-23284324（发行部）
　　　　　传真：024-23284191（发行部）　024-23284304（办公室）
　　　　　http://www.lnpph.com.cn
印　　刷：北京中印联印务有限公司
幅面尺寸：170mm×240mm
印　　张：16
字　　数：200 千字
出版时间：2017 年 4 月第 1 版
印刷时间：2017 年 4 月第 1 次印刷
责任编辑：蔡　伟
装帧设计：仙　境
责任校对：吴艳杰
书　　号：ISBN 978-7-205-08848-4
定　　价：39.80 元

目 录

第四章　职场，变"废"为"宝"的风水宝地　073

第五章　突破，用非凡的能力证明自己　099

第一章

坚持，谁在乎对错，我只想做好这件事

你所遭遇的不幸，并不能成为失败的借口

很多人都看过《风雨哈佛路》吧。在这部世界级的畅销小说中，作者叙述了自己从黑暗慢慢地走向光明的人生。

1980年，在纽约布朗克斯区的贫民窟中，一个名字叫作莉丝·默里的小女孩出生了。尽管她的父母彼此都深爱着对方，却因为嗜毒成瘾，使得家中十分贫穷。当别的小朋友都在上学的时候，年仅8岁的莉丝却沦为一名小乞丐，以乞讨为生。为了活下去，她与姐姐不得不依靠偷东西来果腹。

15岁的时候，莉丝的父亲与母亲都得了艾滋病，没过多长时间就先后去世了。从此，小莉丝与姐姐就成了孤儿。

好在姐姐莉莎得到了好心人的帮助，能够到朋友的家中借宿，而小莉丝却无处容身，不得不露宿街头。隧道、地铁以及公园中的长椅等，都曾是她夜晚睡觉的地方。而且，有些流浪汉还经常欺负她。

尽管生活困苦，但是莉丝从来没有放弃过希望，一刻也没有向命运低下过自己的头颅。她一直坚信：总有一天，能够从命运的枷锁中摆脱出来，与大部分人一样，过上普通、幸福的

生活。与此同时，她也强烈地意识到，只有回到学校接受教育才能改变自己的命运。

经过努力，回归高中读书之后，她常常在过夜的走廊上或者地铁站，完成老师留下的作业。虽然没有温暖的家、没有固定的居所，莉丝却在两年内完成了需要四年才能完成的高中课程，并且因为成绩优异得到了《纽约时报》的奖学金，申请并且顺利进入了哈佛大学读书。

可谁也不知道，她依旧过着吃了上顿没下顿、露宿街头的生活。不过，她不觉得辛苦，在饱受欺凌与歧视的成长过程中，她学到了难能可贵的生活经验，更明白了知识的重要性。后来，莉丝依靠自己坚强的毅力，在哈佛大学取得了临床心理学博士的学位，迎来了她人生中盼望已久的曙光。

现在，莉丝经常到世界各地演讲，大力宣扬"有志者事竟成"的理念，并且负责心灵工作坊，帮助人们将自身的潜能唤醒。

莉丝之所以可以收获成功，是因为她懂得：童年所遭遇的不幸并不能够成为她逃避现实的借口，只有保持顽强的意志力，充足的自信心，然后竭尽所能地努力与奋斗，才能够将自己的命运改变。因此，对于每个人来说，现实既非天堂也非地狱。因为不管你的出身怎么样，不管你是穷人还是富人，只要你愿意，就能拥有改变自己人生的机会与能力。

不管现实的情况是多么险恶，只要你秉持顽强的意志力，向命运发出挑战，那么你就有可能获得成功。倘若你向命运屈服，那么就注定你会一事无成，碌碌无为地过完一生。你真的心甘情愿地被命运玩弄一生吗？相信你的答案是否定的，那么你现在还在等什么？赶紧行动起来吧！

生命是一场大胆的冒险

19世纪的美国著名盲聋女作家——海伦·凯勒曾经说过："我用整个身心来感受世间万物，一刻也不得闲。我的生命充满了活力，就像那些朝生夕死的小昆虫，把一生的时光浓缩成一天来过，生命可能是一场大胆的冒险，或是一无所获。"

非洲的塞伦盖蒂大草原。每年夏天，由于干旱，上百万只角马都会向北迁至马赛马拉湿地。

迁徙途中，唯一的水源就是格鲁美地河。对角马群而言，这条河既蕴藏着生命的希望，又潜伏着死亡的威胁。

与迁徙路线相交的这条河，为角马群提供了维持生命的饮用水。然而河边繁茂的灌木丛和并不清澈的河水，却是猛兽们藏身的理想场所。在角马群扬起的漫天尘埃中，有的角马视线受阻，成了狮子利爪下丰盛的美餐。在看似平静的河面下，躲藏着非洲大陆上最冷血的杀手——鳄鱼。如果有的角马被马群的巨大冲击力挤入河中，等待它的就将是一张张血盆大口。即使它侥幸逃出了鳄鱼的伏击圈，也会因体力不支而遭受灭顶之灾。

有一天，在一处适宜饮水的河岸边又有一群角马远道而来。似乎是对潜藏的危险有所察觉，领头的几只角马停下步子不愿前行。每只角马都犹犹豫豫地向前几步，嗅一嗅，示警似的叫一声，又不约而同地向后退去，反反复复。终于，后面角马干渴的神经再也经不起水的诱惑。角马群拥挤着向前推进。不论是否出于自愿，"头马"们离水越来越近了。不知是迫于无奈，还是自恃强壮，一只年轻的角马"跃入雷池"，开始畅饮河水，肆无忌惮地享受着生命之源的滋润，而那些年长的角马即便被挤入水中也不敢放下戒心。

忽然，一只角马被汹涌的角马群挤到了水深处，它惊恐的悲鸣惊动了角马群。在一阵骚动过后，角马群迅速离开了河边，回到了岸上。现在，角马群中的大多数成员只能继续忍受干渴的折磨——它们或是因为恐惧、或是无法挤出重围而没有喝到水。只有那些勇敢地站在最前面的角马得到了河流丰厚的奖赏。这样的情形，每天都在格鲁美地河的岸边反复上演。

生活中的你是不是也如同角马一样？你因为什么而躲在了人群当中，克制着对成功的渴望？到底是对未知事物的恐惧，还是对潜在危险的担忧？抑或是你安于现状，甘愿过平庸的生活，从而放弃了追求？大部分人只肯站得远远的，看着别人享受成功的喜悦，而自己却艰难地忍受着。莫要让恐惧成为你的拦路虎，莫要等着别人推你，你才向前动一动。只有那些敢于冒险之人，才有获得成功的可能。

20世纪最伟大的物理学家霍金也曾经说过："我发现，即使是那些声称'一切都是命中注定，我们无力改变'的人，在过马路前，都会左顾右盼。"

其实，我们每个人都知道自己的作为或者不作为，都会对人生产生巨大的影响。

从古至今，唯有那些勇于挑战现实的人，才能够成为优秀的人。或许我们刚出生的时候就面对贫穷与痛苦，我们可能不具备优越的环境和资源，但是你还有一颗智慧和勇敢的心！只要你肯付出努力，不向命运妥协，那么属于你的成功之门就会被你打开。

你是不是不敢改变现状，却永远野心勃勃？

对于绝大多数的现代人而言，我们每天的生活基本上没什么变化，就好像一列在规定的时间与地点开启、熄火的车辆一样，总是着急忙慌地去什么地方，最后又拖着疲惫不堪的身子回家，在已经存在的轨道上来来回回地奔波。这样的生活安稳是安稳，但可能会产生一种脱缰的冲动。不过，对于很多人来说，那也只是一种冲动，很少会付诸实际行动。久而久之，生活就仿佛在尽义务一般，生命就仿佛在服役一般，即便心里偶尔产生了要改变的想法，却又因为某个原因而感到痛苦并挣扎。

上班族总是会想："我真希望能换一个条件更好的工作，能够不这样没日没夜地加班，或者是找到世界上最好的工作——当个酒店的试睡员，一个轻轻松松就能月入上万的工作，真想抛下一切尽情去看看世界啊！"

而身为自由职业者的人又会想："真希望每个月的收入能像上班的时候一样稳定，还能有单位代缴社保。面对着做完这个工作，下一个工作就不知道在哪的人生，每天都坐立不安。改来改去的创意，最后还不如最初的创意好，白白浪费了时间。"

实际上，大多数人根本就不敢想，就被自己的伴侣、家庭及孩子这些所谓甜蜜的负担占据了做梦的时间和空间。最终，大部分的人都选择向命运低头，慢慢地，变得越发麻木，越发怠惰，继而丧失了思考人生的勇气。

生活并不是一潭没有波动的死水。那么，我们应当怎样在已有的框架下，踏踏实实地去寻找变化的可能性呢？只要你真的有心，你也能够做自己最喜欢的工作，过自己想要的生活，主宰自己的命运。关键是，你是否敢"改变"。

倘若你并不是很满意现在的生活，那么你就一定要将自己说服：我必须要重新振作起来，做出些改变，这样才能够将现状扭转。倘若你只是让改变的意图停留在想象中，那么再多的想法，也没有办法挽救你已经停滞的人生。

只有勤奋地工作和努力完善自己，有针对性地做事情，才能够从现有的轨道脱离出来，重新找到生命的活力，改变人生。如果你年复一年、日复一日重复着相同的生活，可能会过得十分安稳，却永远也只能浑浑噩噩地生活在别人的命令里，一生也不可能改变现状。

为生活注入活水

一池水，需要不停地向其中注入活水，里面的鱼才能够安逸地活下去；一丛绿色的植物，需要适时地施加肥料，才能够健康茁壮地成长。倘若不想让惰性将你的整个人生拖垮，那就一定要为生活注入"活水"。

不妨在每个周末晚上，用一小时的时间好好沉淀心思，问问自己：

"这周最让我快乐的事是什么？"

"这周我做过哪些有意义的事情？"

"我遇到了哪些烦恼？"

"我是否浪费了许多时间在一些不必要的地方？"

人们总是很容易被生活的琐碎小事带跑自己的节奏，下意识地去想：我现在要去做什么？等下要去做什么？要和谁碰面？要准备哪些东西？……在一周结束时，与自己聊聊，就能更清楚地认识到自己接下来的一周要怎样做才能更好地达到自己的目的。

在日常生活中安排一些能够让身心舒畅的运动，你的身体会更具活力，从而为你的内心带来朝气。而且，不管你的梦想有多大，都需要一个健康强壮的身体支持。倘若你想要在某一天享受退休的生活，或者想要一直陪在自己家人的身边，那么就更应该坚持不懈地运动，不然的话，一切都只是空中楼阁。

此外，随手整理自己的家居空间，也是一个很好的方法。

因为凌乱的家居空间会让下班后的你更疲惫，会让心更浮躁，想往外逃，或是把自己封闭在网络的世界中，结果上网购物买了一堆不必要的东西。

清理的过程就好像是对自己的心情进行梳理，每隔几天就花费些时间，一边对房间进行整理，一边对自己的内心进行整理，这样即便有什么坏情绪隐藏在偏僻的角落中，也能够通过这样的清扫将其释放出来。比如，遇到不顺心的事情时，还可以帮助你从低落的情绪中走出来，而且事后绝不会产生后悔的情绪。所以，请用打扫房间的方式将自己身上的惰性彻底清除。

从简单平凡、可以实施的小事一步一步地向心中的需求靠近，用不了多久，你就会发现，原来过着梦想中的生活，并没有想象中的那样难！当你做好充足的心理准备后，就可以将阶段性的目标制定出来，然后持续不断地为自己进行加油、打气，最终完成自己一生的使命。这根本不用什么"金山银山"，只看你是否愿意努力。

总要埋头苦干，才能蓬勃爆发

埋头苦干既是一种精神，又是一种蓄势待发的能量。俗话说："唯有埋头，才能出头。"凡是成就大事业的人都认为，一个人无论在什么领域发展，这种埋头苦干的精神都是不能忽略的。

一个人不能没有理想，然而，很多人仅有远大的理想和抱负，却忽略了厚积薄发的必要性，不知道只有一开始就埋头努力，积聚力量，才能在最后一鸣惊人。

你不能在自己曾经许下的宏伟志向上停滞不前，从现在开始，低下你高贵的头，不要去抱怨这世间的种种不平，认真努力地去学习和工作。在你付出努力之后，你会发现，跨过困难，希望其实就在眼前。在此期间，你会碰到难以克服的孤独和寂寞，你会面对一些诱惑，但是必须要一一克服，在经历一次次小的成功之后，才可以实现你的理想目标。没有哪个目标是轻易可以实现的，在付出努力之前，从现在做起，一步一个脚印，向着梦想前行。

2006年的《星光大道》栏目让李玉刚走入大家的视野，并且他依靠自己的才华，在演艺圈风生水起，大红大紫。但很少有人知道，李玉刚本人出生在吉林农村，他曾经以优异的成绩考入吉林省艺术学院文艺编导专业，但由于家境贫困，他不得不放弃来之不易的学业，出门打工。

但在打工期间，他并没有放弃自己的梦想，辗转拜了声乐界、舞蹈界、戏剧界等上百位艺术圈老师，埋头苦学，苦练基本功和各类技巧，历时8年打造了自己的梅派表演风格，并且为自己塑造了全新的形象，也有了属于自己的招牌作品。

为了能倾尽所能演好自己所要扮演的各种舞台角色，李玉刚不仅仅要学唱功，还有表演、舞蹈、化妆、造型、服装等，每一次演出，他都要亲自设计服装、描绘衣服上的每一抹色彩，让每一次演出都能精彩而动人。

终于，在2006年参加过《星光大道》后，李玉刚一炮而红，以令人不可思议的甜美歌声和妖娆扮相抓住了观众的心，也为自己以后事业的大红大紫开了个令人欣喜的好头。

李玉刚的成名之路布满艰辛。他的演出风格个性鲜明、唯美时尚，唱腔优美清亮，这与他苦心钻研，埋头努力是分不开的。其实，每一个有作为的人都经历过埋头努力和厚积薄发的过程。

看过《人与自然》，人们才发现企鹅要上岸的时候，总是先拼命下潜，到达一定深度后掉转方向，奋力划水，冲出水面，在空中画出一道漂亮的弧线落到冰面上。企鹅的深潜，为的是蓄势，为的是积聚力量，更是为了跳得更高。

机遇只会眷顾有准备的人，没有耕耘，何来收获？无限风光在险峰，想领略山顶的风景，你就不能光站在山脚高山仰止，或者靠着做梦登上山顶，你要做的是低下头，鼓足劲，一步一个脚印踏实地往上攀登，流汗甚至流血也绝不放弃。当你战胜了一次又一次挑战，不断突破，不断超越并最终成功登顶时，才能真正感受到山高人为峰，"登泰山而小天下"的豪迈，天地一览无遗，精彩尽收眼底。

事实证明，唯有埋头，才能出头。一粒饱满的种子要是不经历风吹雨淋，烈日的暴晒和艰难破壳、破土的阵痛，将永远只是一粒种子，无法长成参天的大树。所以，试着埋头积蓄力量吧，它将让你的事业发展更有力量。

风雨来袭是成功的必然

每个人都渴望成功，在这种作用下，有些人选择了勇敢前行，奋力拼搏，并且不出意外地都取得了令人瞩目的成就。

有一名心怀大志、渴望成功的年轻人。他14岁就进入拳坛，第一次上擂台便被对手打得鼻梁都快断了，下台时还血流满面。

然而，第二天，他又坚强地站上擂台再次挑战。不过仍然扮演着被追打的角色，但他毫不丧气地选择了最严苛的训练。不幸的是，某次练习时，他的左眼受了伤，这只眼睛从此失去了视力。后来他转了行，再也无法参赛，却依旧渴望胜利，并在新的人生旅途上找到了属于他自己的成功之路。

另一位年轻人19岁时参军走上战场，在某次战役中全身上下被两百多块炸弹残片入侵，其中一部分弹片由于卫生条件有限，取出就会危及性命，只能永远留在他的体内。

退役后，20岁的年轻人立志成为一名作家，坚持不懈地写作，可是他的作品被出版商全部退回，但他毫不气馁，认为人生就是不断战斗的过程，坚决不放弃写作的梦想。

到23岁时，他的执着终于得到了回报——他的第一部著作出版了。可是只印刷了300册，根本不足以支撑他的生活，并且为了全身心投入写作，他早已身无分文。

这个一生为了梦想拼搏的年轻人就是1954年的诺贝尔文学奖得主：恩斯特·海明威——世界名著《老人与海》的作者。

在对成功的渴望下，海明威历经人生的起伏，却仍坚持梦想，直面挫折，最终实现了自己的梦想。

然而，在生活中，也有不少畏惧失败的人。他们会因为一时的失败，就马上降低对自己的标准，动摇了去实现它的信念，不是抱怨这个世界不公平，就是怀疑自己的能力，还拼命对自己说："我不可能会成功的，我就是这个命。"

这些人想逃脱现实对梦想的残酷砥砺，选择一劳永逸的安稳人生，然后又在午夜梦回时不甘心地想：我那时候要是坚持不放弃的话，现在就会和那些成功人士一样过上理想的生活。

这时再来责怪环境和身边的人，都是不愿意对人生负责的托词，而且日积月累下，这些愤愤不平的怨气还会摧毁你现有的人生基础。

为什么"渴望成功"的人与"害怕失败"的人会有两种截然不同的结果呢？虽然 "渴望成功"与"害怕失败"从表面上看起来似乎都是为了成功，但"渴望成功"是主动追求，并且能为自己创建十分强大的信心，即便遇到再大的波折，也能够坚强、勇敢地度过，于是，很容易获得优势，形成一种良性的循环；而"害怕"则属于被动心理，由于缺乏信心，不得不一味地进行防守，其最终的结果只能是心理上的疲劳使得战斗还没开始就已经失败了。

倘若小时候我们没有跌倒过，那么现在我们也不会走路。所以，看起来似乎不可逾越的失败和挫折，实际上不过是我们成长过程中的必经之路。倘若因为惧怕失败而将自己的使命放弃，不去努力争取，不愿意改变，那么你永远也不能看见更高处的风景。

再看看社会上那些功成名就的人，有些人之所以比你更加出色，不是因为他们天生就有特别优厚的条件，只是在面对同样的事情时，你与他们的做法是不同的，仅仅这一点就已经决定了事情的成败与人生的走向。

渴望成功，让你能够直面现实生活的残酷，是追求梦想的阶梯。惧怕失败，是消极逃避、不敢直面挫折的懦弱举动，只能让你一边逃避，一边走向人生的"下坡路"。

不要贪图一时之快，结下难解之怨

很多人都听过这样一个故事：

　　一位部长与一位官员在某事上有不同的意见，双方的分歧很严重。对此，这个部长非常生气，恼火地找到总统告状："总统，官员太过分了，他根本就是故意捣乱，是在拿内阁的名誉开玩笑，我真想狠狠地揍他一顿。"

　　看着如此气愤的部长，总统却表现得十分平静，只是淡淡地说道："你先冷静一下，你要是真的揍他了反而会对你的个人形象造成不良影响。我给你一个建议：悄悄地写一封匿名信，将他臭骂一顿，最好能将他骂得狗血淋头，还让他弄不清楚是怎么回事。这样一来，你岂不是更加痛快！"

　　部长思考了片刻之后，认为总统的建议很不错，就接受了。于是，他立即快步回到自己的办公室，写了一封黑函。这封黑函又臭又长，把他想说的话都写了上去。在写完这封黑函后，部长似乎看到了对方的表情，情不自禁地笑了。因为写信用了不少时间，部长心中的怒火也消退得差不多了。

　　为了安全起见，部长又拿着这封黑函找到了总统，请示道："总统，我已经将黑函写完了，您感觉我什么时候寄送最合适呢？"

这个时候，总统严肃地回答道："我觉得反正在写信的过程中，你已经将最想骂的话都写出来了，已经将心中的怒火发泄得差不多了，而这封信真的寄出去了就有可能被查出来，所以为了谨慎一点儿，你还是将这封信烧了吧！"

部长觉得有道理，于是拿着这封黑函再次回到办公室，一把火将其烧了。

令他感觉奇怪的是，当他看着那封黑函慢慢地变成黑灰时，心中的怒火居然逐渐熄灭了。这个时候，他才真正地明白了总统的善意，并且为自己没有同官员发生冲突而感到十分庆幸。如果他真的冲动行事，那么最后只能徒增他人的笑料而已。

很多时候，我们可能都会急着发泄一时之快，但是假以时日，我们是感到满意时多呢还是感到后悔时多？相信我们每个人的心中都有明确的答案。既然对自己性格上的疏漏这样了解，那为了不再犯相同的错误，在正式行动之前，请多留一点儿时间与空间给自己，理智地思考一番。

万万不能总是凭借着自己的直觉或者情绪冒冒失失地去做事，留下一些不必要的损失与伤害，还得花费更多的心思与力气进行弥补。最后，反而将自己折损进去了。

可以停下，但绝对不能后退

是否有那么一个瞬间，你感觉自己撑不住了，想要将紧紧抓着悬崖边缘的那只手松开，就这样一了百了坠落到无底深渊中呢？是否碰到过一些事情之后，你感觉自己真的很累很累，疲惫不堪的身子再也没有办法让你紧紧绷住神经跨步向前呢？

人生在世，难免会遇到这样的时刻，在这个世界的每分每秒，都可能有人沉沦在那些难以逾越的坎儿里。在他们当中，有的人最终顺利地挺了过来，而有的人最后选择了放弃或者后退，更有甚者选择了一些比较极端的方式，开始抱着破罐子破摔的心态混日子。

其实，不论选择何种方式将自己从悬崖的边缘解救出来，我们都需要一个过渡的时间，给自己一些温暖和慰藉。

这种过渡的方式可以是暂时停下来休息一会儿。

我们见过许多拼命过头的人，他们从来不允许自己有片刻的停留歇息，他们要求自己每时每刻都保持在紧绷的状态，他们渴望达成目标，获得成功的心情十分急切，这些人也的确比那些走走停停的人能更快得到自己想要的东西，但这种冲刺性质的加速度往往有很大的弊端，它会让人一味地追求目标而忽视沿途的风景，也更容易在最后靠近成功的时候败下阵来。

他们的前行之路始终是在重复田径比赛中的短跑，但殊不知，对于每一个人来说，我们的人生本质应当是一次漫长的马拉松。奔跑的方式不对，自然为自己增加了危险系数。

马拉松运动员会在不同路段分配自己的体力，哪些时候应该减速，稍稍休息一下避免体能的过度消耗；哪些时候要加速冲刺，让之前积攒的能量快速爆发，超越对手跑向终点。

同样，我们的人生也需要时间让我们可以暂时缓下来，好好休养整理一番。停下来，可以让身心疲惫的我们从消极的情绪中脱离出来，欣赏一下身旁的风景，让自己一点点恢复能量。

在这个过渡里，我们需要面对自己，听听自己内心的真实想法，看看身后已经踏过的土地。大多数时候，我们要学会善待自己，并告诉自己，远方的那个归属之地，终有一天会出现自己的脚印。自己已经为了它跨越了那么长的路程，停一停没有关系。

当我们觉得累了而驻足的时候，往往更能看清什么才是我们真正想要的，什么是我们背了一路，却渐渐发现它是无意义，徒增负担的。当我们明晰了自己心里到底需要的是什么，接下来的旅途启程之前，我们就要丢掉那些不需要的，牢牢抓紧我们需要的，朝着目标笃定地继续跋涉。

不要害怕短暂的停留会被落下，会拉开与那些没有停下休息的人之间的距离。你要相信，停下是为了更好地上路，通向成功的道路应该是为了那个更好的自己去努力，而非与别人比较。如果自始至终都斤斤计较与别人之间的差距，那么你会发现自己很难轻松地奔跑，你背负了本不该有的压力，这便是你应该停下来好好思考一番的东西。

考虑清楚了再上路，才能使我们再次遇到同样的困境时不再犹豫徘徊。

但是，如果停下来休息的人沉溺在暂停的节奏之中不愿动弹，那么他便很难坚持自己的方向继续上路。

对一些人来说，停下来的时候仍牵挂着那些让自己烦恼的事情，挣脱不出忧愁的牢笼，这个时候的他们是最脆弱也最容易被动摇的，往往一点儿风吹草动就会打消他们的想法，转身沿着来时的路走回去，将曾经憧憬的前方丢在身后迷蒙的道路中。

不愿意看到本来可以是圆满的结局以悲剧收场，便要坚持绝不退后的信条。在田径比赛中，基本上不会看见有运动员跑到一半朝着反方向跑去，因为他们很明确自己的目标是什么、在哪里。就算跌倒受伤，精疲力竭，他们仍然逼迫着自己坚持，对终点的不懈追求，对困难的不屈不挠，才是运动精神的极致体现。

破碎的友情让你感伤，停下来的时候，你会想起你们曾一起经历过的美好岁月，才发现，原来只要自己没有放弃，裂缝可以重新愈合。

遗失的爱情让你痛苦，停下来的时候，你思考两人之间矛盾产生的根源，才发现，如果当初自己愿意包容一点，争执可以轻而易举地化解。

忽视的亲情让你自责，停下来的时候，你看到手机里那些未接来电和关心的短信，你才发现，多一点理解多一些沟通，你和父母之间的距离就会更近一些。

太多太多的烦恼被我们一概而论，倘若可以平心静气地好好审视一番，许多问题都可以迎刃而解。你也越发明白，让一切变好的方法不是丢弃它们，置之不理，而是捡起它们，仔细地打量，寻找问题出现的真正缘由。

绝不后退是一种人生态度，它让我们变得敢于直面人生中的逆境。它同时也是一种宣誓，是自己给自己安慰打气，让我们在未来某一天获得成功之时，可以自豪地大声感谢当初的那个自己，谢谢你没有后退，我才有机会抵达了终点。

那些站在终点的人，我们往往看到的只是他们抵达之时光辉的一面，却忽略了他们一路的风雨兼程。

每一种人生都是一次冒险，之所以称之为冒险就在于它的前途充满未知、荆棘和险阻。每一个跨越过它们的人都不是愣头青，他们收放自如，懂得在疲惫之时暂时停下脚步，也懂得该在何时短暂地停留，才能让接下来的路好走一些。

疲倦与失意是我们到达终点之前必须学习的课程。在自己孤身奋战时，我们要学着给自己温暖，默默给自己打气、加油，让我们对未来充满希望，更加期待接下来的道路和挑战，而不是落荒而逃。

要懂得爱护自己，停下来时，欣赏一下周围美丽的风景，反思一下走过的路，总结一下自己的得失。未来十分遥远，但是请牢记，现在停下来，是为了以后更好地启程，而非给放弃和后退提供任何可能。

倘若你感觉自己很累了，那么就暂时停一会儿吧。不过，我们必须记住：停下可以，但是绝对不能后退！

第二章

拼搏，我们来到这个世界上并不是为了一事无成

你能成为什么样的人，取决于心中的那颗种子

美国有一位心理学家，他进行了一次很有名的调查。在调查中，他向各种阶层的人提出了这样一个问题："倘若你的人生获得了一次重新来过的机会，那么你愿意对自己的人生做出改变吗？你会做出怎样的改变呢？"

一位已经退休离职的总统给出的回答是："倘若我的人生能够重新来过，我希望自己成为一名普通的上班族，这样一来，我就能拥有更多的私人时间与空间，不用再担心任何事情都要被公众使用放大镜进行检验了，要知道，做总统实在是太辛苦了！"

一位整天无所事事的流浪汉给出的回答是："倘若我的人生能够重新来过，我希望自己能够赚很多钱，做一个腰缠万贯的大富翁，这样一来，我每天都不会再吃不饱，穿不暖了。"

一位拥有万贯家财的大富翁给出的回答是："倘若我的人生能重新来过，我希望自己可以成为一个拥有小康生活的普通人，这样一来，我就不需要为了如何做资产分配、如何合理地配置遗产才会更加公道，而整天盯着那些数字看了，我现在的生活都快把我烦死了！"

一位依靠打鱼为生的渔民给出的回答是："倘若我的人生能够重新来过，我一定要好好读书，努力奋斗，尽可能地积攒人脉，做一个令人羡慕的总统，这样一来，任何人都不敢再随意欺负我了。"

不管是谁，都希望自己第二天早上就能够从自己理想的生活中醒过来，但这并不是改变，只是没有任何意义的空想。

其实，一个人如何给自己进行定位，对其一生成就的大小起着决定性的作用。志存高远的年轻人绝对不会沦为命运的奴隶，而心甘情愿碌碌无为的年轻人也不会成为命运的主人。

你可以聪颖明智，才思敏捷，甚至好运不断，但是，倘若你没有办法在创造的过程中正确地给自己进行定位，不清楚自己最应该做的是什么，更不清楚自己人生的方向，那么所有的一切都是徒劳的。

你给自己怎样的定位，你就会是什么；你想成为哪种人，你就能成为哪种人。你心中的那粒梦想的种子需要你精心呵护才能茁壮成长。

在现实生活中，总有这样一群人：他们或者是因为受到宿命论的影响，任何事情都听天由命；或者是因为性格比较懦弱，习惯性依靠别人；或者是因为缺乏责任心，不敢承担应该承担的责任；或者是因为过于懒惰、好逸恶劳、得过且过；或者是因为没有理想，每天过得混混沌沌的……他们给自己的定位十分低，遇到事情就选择逃避，从来不敢为人之先，也不肯把处世的方法转变一下，整天被极其消极的情绪困扰，甚至还可能走向极端。

对于每个人来说，成功的含义都是不一样的，但是不管你如何看待成功，一定要对自己有个正确的定位，知道自己想要成为什么样的人。

有3个砌墙的工人正在一堵墙前忙碌着。有人走过来问道："你们这是在做什么呢？"

第一个人低着头十分不耐烦地回答道："你没有看到吗？砌墙。"

第二个人将头抬起来后笑了笑，回答道："我们正在盖一幢高楼。"

第三个人一边干活一边哼着欢快的歌，脸上还挂着灿烂的笑容，回答道："我们正在建设一座美丽的城市。"

转眼间，10年过去了，第一个人到了另外一个工地，仍然做着砌墙的工作；第二个人成了一名工程师，每天都在办公室中画图纸；第三个人却成了前两个人的老板。

面对同一个问题，这3个具有相同起点的人却给出了不一样的答案，这也充分地表现出他们对于自己人生的不同定位。10年后，那位胸无大志的人依旧在砌墙；那位具有比较现实的理想的人成了一名工程师；那位志存高远的人成了前两个人的老板。他们对自己人生的定位，决定了自己的命运，走得最远的是理想最高远的人，仍然在原地踏步的是之前没有任何想法的人。

你能成为哪种人，取决于你心中的那颗种子，向着你理想的方向努力，才能最大限度地完成理想。

先活下来，再谈发展

达尔文有一句很著名的名言："物竞天择，适者生存。"它不仅在丛林法则中适用，对于竞争异常激烈的现代社会也是适用的。

在刚走出校门进入社会时，很多人都会选择到大城市去打拼，觉得那里有更多的机遇与更好的发展。

但倘若你的学历很一般，能力也并不是很出色，没有优越的背景与资源，甚至缺乏自信，那么你经常会产生一种很强的无力感。其实，在纷繁复杂的社会中，单纯的我们不仅很不容易在大城市生活，而且想在小城市混得好一些也是不那么容易的事。一样的薪水，与大城市相比，在小城市肯定会过得更好一些。那么为什么还有那么多人一定要选择大城市呢？

其实，正是由于在大城市生活与打拼更加艰难一些，而这种艰难感也是我们所必须要经历的。一是因为它可以让我们遭遇的困窘处境显得更为合理——不是我不够优秀，而是在大城市生活不易，这能很好地减轻我们内心深处的无力感；二是更加艰难的生活，能够让人产生一种相当强烈的奋斗感——翻过一座高大巍峨的山峰，你就会有非常鲜明的成就感；而走过一段平坦的道路，你只会感觉那是一种消磨。

但攀登山峰并不等于一定会有更好的未来，结果有可能是：你既没有登上巍峨的顶峰，也没有走完平坦的道路；也有可能高山的那边与平坦道路的终点是同一个地方。只不过在攀登山峰的过程中，你每走一步都需要十分用力，都会流下很多汗水，攀登到更高的地方，能看到不一样的风景。大城市就是那一座高大的山，小城市就是那段平坦的道路，而这不一样的风景正是他们口中所说的发展。

至于未来，这个时候，不少人都看不见自己的未来，即便能看见也是不真实的，只是一种臆想而已。他们只需要感受到自己正在向上攀登就行了，感受到自己正在为生活而努力就行了。

当你担任助理或者前台，每个月工资2000元，居住在只有6平方米的地下室，吃着没什么营养的泡面，一遍又一遍地掰着手指过日子的时候，你想象中的繁华自由在什么地方？你还有多少闲情去公园游逛，去图书馆看书呢？大城市中就一定会有理想与希望？不！躲在小小的隔断间中整晚睡不着的夜晚与看似遥不可及的收入差距，与追断腿也追不上的房价，给人带来的绝望要比小城市更惨烈！

当然，并不是大城市不好，不应该去大城市，而是在说相对于小城市，大城市的竞争更为激烈，需要更强的能力才能生存下来。

如果你刚出校门，还不具备非常突出的能力，可以选择小城市锻炼，待具备丰富的经验与杰出的才能后才去大城市拼搏。但你不能好高骛远，可以先选择一些普通的工作做起，历练自己，积累经验。有了经验才会有更好的发展，有了发展才能谈更高的梦想。

咽下痛苦，才能扛起梦想的重量

花样百出的社会新闻吸引了不少人的眼球，成了繁忙社会中人们闲谈或者议论的焦点话题。其中，有这样一则报道曾得到过众人的关注：

有一位家庭贫困的年轻人，因为没有找到自己理想中的工作，又在其他面试中表现不佳而没能得到工作。之后，他在找工作的过程中屡屡失利，毕业都一年了，还没有找到工作。更糟糕的是，他已经将父母勒紧裤腰带为自己省下来的生活费花完了。

他认为自己不能再向辛苦了一辈子的年迈的父母要钱了，又感觉自己才刚刚毕业却郁郁不得志，自己的未来毫无光明，心中陡然生出无限的绝望，于是就产生了自杀的念头。当他走上一座高楼，正要跳下去的时候，被围观的群众报警救了下来。

非常幸运的是，在这些看热闹的群众中，有一位很热心的人。他是水电行的老板，在知道了这个年轻人的情况后，就主动为他提供了一条出路：跟着老板做学徒，尽管薪水不是很多，却能衣食无忧，并且可以学习一技之长。待年轻人掌握了这项技能之后，再也不需要为就业烦恼了。

听了之后，年轻人顿时激动得泪流满面，心想：世上有那么多条路能走，而我选择的这条路却是最不负责任的，真是太不应该了……对于这次"重生"的机会，他相当珍惜，废寝忘食地学习。结果，还不到两年的时间，他就熟练地掌握了这门技能，出师自立门户了。即便后来遭遇了金融危机，他也没有受到太大的影响，仍然拥有稳定的收入，顺顺利利地进入了人生的正轨。

有不少人因为"过不下去"或者"不是我想要的生活"而直接放弃，选择了一条害人或害己的捷径，最终受到了命运的惩罚。

我们必须得承认，上文那个因求职而屡屡碰壁的毕业生是非常幸运的。在机缘巧合下，他得到了别人的帮助，看清了现实的本质，撑过了人生的低谷，走出了令人羡慕的人生。

然而，在现实生活中，又有多少与之相似的案例，或者持有相同心态的人认为：反正我的命就是这样不好，我也只能认命了，只要日子能过下去就行。于是，他们开始随波逐流，浑浑噩噩过完了自己的一生。对于每个独立的生命来说，这种选择无疑是非常令人遗憾的。倘若你觉得以自身的能力没有办法来从容地应对各种挑战，那么只能说你将自己看扁了，因为无论是谁，潜力都是无穷的。

据相关研究显示，在开发自己的大脑方面，我们耗尽一生也只不过开发了7%左右，即便是爱因斯坦，这个名垂青史的伟大科学家，其大脑也只开发了10%~15%。

倘若你觉得自己不如比尔·盖茨聪慧，没有乔布斯的才能，更缺乏巴菲特的远见卓识，追求梦想就相当于在自讨苦吃，失败之后就失去了一切，那么这只能说明你就是一个不折不扣的胆小鬼，亲手将自己的天赋、潜能，抑或是成长的机会都拒绝了。

实际上，正是由于你开发得不够，才会觉得收获少，所以，与其这样混日子，还不如努力地给自己的人生增添一些光亮。

当然了，并不是所有人都拥有绝佳的天赋，但是你会发现，正是因为人类在心智、生理的进化能力方面，拥有着无尽的变化与可能，才能够稳稳地站在生物链的最上层，成为万物之灵。

即便你天生就是一个十分普通的人，也能通过不断的学习与练习，一次又一次地尝试与锻炼，就会得到难以估量的成长。反之，倘若你继续以鸵鸟心态混日子，那么随着时间的流逝，你的身心会逐渐僵化，进而慢慢退化。难道你真的希望自己的人生是这样的吗？

倘若你认真地对社会上那些小有成就的人进行观察，就会发现：他们当中的很多人都没有令人艳羡的学历，在成名之前都是从底层做起的。比如，著名厨师阿基师就不具备傲人的学历，创作才子周杰伦在费尽心思进入唱片公司之后，也是从帮同事打杂的小弟做起的。

但是，他们都能吃得了苦，都没有因为一时的困难选择放弃，反而以超强的意志力与坚持不懈的努力，一步步地走出了属于自己的精彩人生。

实际上，倘若你真的能够咬紧牙关吃得了那些名人所经历的苦，那么你也能够将自己的梦想撑起来了，关键就在于你敢不敢去做，能不能吃苦。

其实，在生活中也好，在职场中也罢，没有人能够永远一帆风顺地走下去。在人生的各个阶段，每个人都可能会遇到某种瓶颈，遭遇一些很难解决的难题。这个时候，如果你选择了逃避，那么就相当于选择了放弃成功。只要你鼓足勇气，敢于面对，竭尽全力地去解决问题，即使没有完成最开始的目标，也能够看到自己的成长。

人具有无穷的潜力，有时确实只有在遭遇逆境的情况下，才能够将其激发出来。因此，遭遇挫折时，不要害怕，不要恐惧，应该勇敢地直接迎击，它可能就是使你成为"超人"的重要转折点。要知道：吃得了苦，才能撑得起梦想。

无论何时，勿忘初心。

在通往梦想花园的道路上，很多人都会感到越来越力不从心。为什么会产生这样的感觉呢？这是因为重重关卡不停地将前面的路挡住所致。因此，即便我们心中都存有梦想，却有不少人都会在半路逃跑。

倘若你与值得信任的亲朋好友深入交流过，确定了自己最初的奋斗目标，那么你除了需要全身心地投入之外，还需要不断地对你"圆梦的台阶"进行审视，看看它是否可行。这就好像从自己家去公司上班有很多种路径一样，假如今天这条路走不通了，那么为了工作，我们就会选择其他可行的道路进行替代。然而，发现过不去的险阻时，我们很容易十分无奈地原地踏步，心中茫然，不知道该怎么办。

马云在首次创业时选择开办一家名为海博的翻译社，因为马云算是那个时候在杭州英语说得最好的人，所以马云认为自己可以通过做翻译社来实现自身的价值。

后来，马云改行做阿里巴巴也并非他一时头脑发热，而是总结了上一次失败的经验，经过慎重的考虑，觉得通过做电子商务能实现自身的价值，因为马云对这件事非常熟悉。

中国黄页是马云正式下海之后的首个项目，通过这一段经历，马云对电子商务的前景做出了准确的判断：电子商务的市场有着相当大的发展空间。

从1997年起，马云都是在中国国际电子商务中心工作。在此期间，他慢慢地认识到：如今的亚洲，特别是中国，可以称得上是世界的加工厂，是世界制造业的中心。中国具有数量惊人的中小企业，承担着为全球制造的任务，但它们却一直在世界商业舞台上以弱势群体的形象出现。因为受到资金、规模以及渠道等限制，很多中小企业根本没有办法在市场推广方面投入太多的精力与资金，只能通过某些国外的贸易公司来发展自己公司的业务，在海外市场的拓展上进行得很艰难。面对国际与国内这非常巨大的市场，在以出口导向型经济为主的亚洲，中小企业却难以依靠自己的力量将渠道打开。

1999年，马云接受邀请参加了亚洲电子商务大会。这次会议的举办地在新加坡，通过参加这次会议，马云对自己的想法更加坚定。在这次会议上，马云发现，尽管这是亚洲电子商务大会，但是演讲者中有90%来自美国，而听众中也有90%的人是西方人，其中所有的案例用的均是雅虎与eBay的东西。当时，马云站出来发表了自己的观点：现在我们所讨论的问题是亚洲电子商务。美国是以前的电子商务斗士，有着自己的模式与听众。但是，亚洲就是亚洲，中国就是中国，美国就是美国，美国在NBA方面做得非常出色，中国人就应当去打乒乓球。

面对这样窘迫的状况，马云很想为中国的中小企业找出一条出路，让它们不再受到施舍与盘剥。因为马云拥有经营中国黄页的经历，所以十分自然地想到可以对互联网加以利用。马云表示，中国的中小企业最缺少的就是互联网和互联网思维，倘若可以通过互联网为这些中小企业提供服务，那么它们就能够十分方便地在全球范围内为自己寻找客户了。而且，它们也能够借助互联网，将自己的产品送到全球的任何一个角落。马云觉得这才是自己应当马上去做的事情，这样才能更好地实现自己的价值。因此，他果断地将自己在北京的事业放弃，返回了杭州，与"十八罗汉"一起开始了阿里巴巴的创业之旅。

倘若一个心存远大志向的创业者只空有无限激情，就非常容易变得自闭和固执，不接受别人的意见，在追梦的道路上迷失方向。想要做出一番事业，首先要牢记自己的初心，根据实际情况做出正确的选择与判断，明白自己应该做什么，然后再结合市场需求等多方面因素，选择适合自己的项目，制定出合理的发展方案。

永远不要忘记自己创业第一天的梦想。很多人的梦想都是非常美好的，但是走着走着却突然发现自己忘了第一天想要什么。你最初的梦想是世界上最闪耀的事情。

年轻人勇敢地面对人生，放下轻生的念头，咽下苦难最终扛起了梦想；马云一次次失败、一次次创业，最终跻身世界名流，不止扛起了自己的梦想，还扛起了无数人的梦想。痛苦是补充能量的佳品，咽下痛苦获得能量和向前走的动力，才能真正扛起梦想重量，推开成功的大门。

努力的本质，是拼尽全力

美国《黑人文摘》于1943年开始创刊，刚开始的时候，人们似乎对于《黑人文摘》的发展并不看好。作为《黑人文摘》创办人的约翰逊，为了扩大该杂志的发行量，非常积极地进行宣传工作。他在深思熟虑之后决定组织一部分作家撰写一些关于"假如我是黑人"之类的文章，让白人能够换位思考，想象一下自己是黑人，严肃地对待这个问题。他觉得，倘若能够要求罗斯福总统夫人埃莉诺帮《黑人文摘》写一篇这样的文章的话，那肯定是再好不过了。于是，约翰逊就非常诚恳地给罗斯福夫人写了一封情真意切的信。

罗斯福夫人收到他的信之后，在回信中以自己太忙碌，没有时间写为由回绝了。可是，约翰逊并未因为这次失败而气馁，他又给罗斯福夫人写了一封信，但是她仍然回信说自己太忙了。之后，约翰逊每隔半个月就会准时写一封信给罗斯福夫人，并且信中的言辞也越来越真诚、恳切。

过了没多长时间，罗斯福夫人由于公事要来芝加哥市，并且打算在这里停留两天。而住在芝加哥市的约翰逊得知该消息之后，欣喜若狂，马上又给总统夫人发了电报，非常诚恳地请求她能在芝加哥期间给《黑人文摘》写一篇文章。罗斯福夫人收到约翰逊的电报之后，没有再次拒绝。她认为，不管自己有多么忙碌，再也不能够拒绝约翰逊的请求了。

这个消息传出去之后，全国都沸腾了。在短短一个月内，《黑人文摘》杂志的印刷量从原本的两万份迅速地增加到了15万份。

后来，约翰逊又开办了一系列关于黑人的杂志，并且开始开办广播电台、图书出版以及妇女化妆品等事业，最后他的努力终于有了回报，美国日趋尖锐的种族问题，得到了很好的解决。

成功从来都不是一帆风顺的，当我们遭遇困难与挫折时，我们应当具有"竭尽所能再来一次"的勇气和信心。或许用最后的力量再来一次，成功就到了。

从小到大，我们就经常听人说：失败是成功之母。《汉语成语大词典》上对于"失败是成功之母"是这样解释的：母，先导。指善于从失败中吸取经验教训，才能成功。

其实，有的人之所以会遭遇挫折与失败，之所以还迟迟看不到成功的希望，就是因为努力得还不够，你永远没有办法想象得出，在努力之后，你拼尽全力是什么样的。

拼尽全力吧！在你还未敲开成功之门的时候，距离成功最近的永远都是拼尽全力，能够产生奇迹的也永远都是拼尽全力！

奇迹的另外一个名字叫作"努力"，而努力的真正含义就是拼尽全力。

等待是最不动声色的热爱

等待是一件美好的事情，是一种热爱的执着。当等待的节奏响起，当希望的高潮降临，我们所热爱的一切，都将是最美好的样子，开在你最美好的记忆里。

法国著名的浪漫主义作家——大仲马曾说过这样一句话："人类的一切智慧是包含在'等待'和'希望'里的。"面对希望，人们的斗志就好像大海一样澎湃，人们的热情就好像凶猛的火山一样喷涌，乘风破浪向前冲，希望的光芒带领人们勇敢前行。面对等待，人们感觉十分茫然，不知道该怎么办，有的人心急火燎，急不可待，有的人唉声叹气，直接放弃。其实，等待并非枯燥无味，这个过程是喜还是悲，完全要依靠自己的心态进行调节与控制。

越王勾践就用亲身经历为我们演绎了等待之后的功成名就。

春秋时期，越王勾践与吴王夫差大战，勾践战败。勾践抱着东山再起的希望，假意臣服，帮着吴王夫差养马牵马，成为夫差的奴隶，等待着机会。

后来，勾践终于取得夫差的信任，被放回了越国。他回到自己的国家后为了时刻谨记自己在吴国时甘当奴隶的痛苦，将苦胆悬挂在房梁上，不管坐还是卧都要尝一尝；睡的时候将被褥撤去，用柴草当褥子。在这样的辛苦煎熬中，他时刻铭记着百姓和自己所受过的苦。勾践淡定而从容地担负起这如山的压力，扛起了整个国家，即便希望渺茫，也绝不轻言放弃。

对于这样苦心准备的人，上天是不会辜负的。终于，越王勾践等来了合适的时机，攻打吴国，并最终取得了胜利，一雪前耻。

从古至今，有多少人拥有如越王勾践一般的耐心与毅力？如果越王勾践也像大部分人那样轻易放弃，不肯吃苦，怎么会等到报亡国之仇的那一天？

等待的路上需要笑容相伴，唯有以乐观的心态对待失败，在等待成功的过程中越挫越勇，最终点燃的成功之火才会越来越耀眼。

等待并不是消极地等着走向灭亡，而是紧紧地抓住时机，让积极的心带领你走向前方。因为对梦想的热爱，所以在收获成功前更值得等待！

超越自己：人最大的挫折是不敢想

阳光明媚的午后，一位作家与母亲到海边去散步，看到一位垂钓者正在海边钓鱼。她们担心惊动这个垂钓者，就悄悄地来到他的旁边静静围观。

片刻之后，垂钓者将钓竿一扬，就钓上来了一条活蹦乱跳的大鱼。这条大鱼居然有3尺来长！这位作家与母亲正准备向垂钓者道喜，没想到，垂钓者却摇了摇头，十分麻利地将那条鱼解了下来，随后漫不经心地扔回了大海。

作家和母亲都惊呆了：难道这么大的鱼还不足以让他满意吗？看来这个垂钓者十分有野心啊！她们屏住呼吸，耐心地等待着，希望他能够钓上来更大的鱼。

半个小时过去了，垂钓者再次一扬钓竿，又钓上来了一条长度为两尺左右的鱼，垂钓者又直接将鱼钩解下来，把鱼扔回了大海。

不知过了多长时间，垂钓者再次扬起钓竿，他这次钓上来的是一条小鱼，鱼的大小还不足一尺长。

作家想：他肯定会将这条小鱼也扔回大海的，前面钓上来的大鱼都没让他动心，这么小的鱼更不可能放在眼里了。然而，让她们惊讶的是，垂钓者非常高兴地将鱼钩解了下来，小心地把那条小鱼放到了自己身边的鱼篓中。

作家和母亲你看看我，我看看你，不知道这是为什么。于是，她们就询问垂钓者为什么舍弃大鱼而留下小鱼。

垂钓者十分干脆地回答道："我家中最大的盘子也仅仅一尺来长，太大的鱼就装不下了。"

在很多时候，我们何尝不是这样呢？因为自己的能力不足，所以不会立下过于不切实际的梦想；因为自己缺乏社会阅历，所以不敢轻易尝试与那些名家学者进行交谈；因为自己缺乏出众的相貌，所以不敢去追求自己喜欢的人……

但是，亲爱的朋友，倘若你不主动地去追求、去完善自己，又怎么能够将生命的格局打破呢？就像那位渔夫，他如果把大鱼留下，回家切成段，也能放进盘子里，可他木讷地只知道要留下一条小鱼。只有那些敢于积极主动追求美好生活的人，才能发现新的道路，改变自己的人生与命运。

世界上没有办不到的事情，只有不敢大胆去想、不敢大胆去做的人。勇敢地追求自己的目标，把成功握在手里再去想"盘子"到底装不装得下。

追梦若冷，就用希望去暖

众所周知，英特尔公司的总裁——安迪·葛洛夫曾经是美国《时代》周刊的风云人物。20世纪70年代，他在半导体产业上创造了神话，不少人只知道他是美国的一位富豪，却不清楚他的人生当中也有鲜为人知的苦难经历，那么是什么带他走过那段灰暗岁月的呢？

在他还是学生的时候，就表现出了很出色的商业才能。他从市场上买来各种各样的半导体零件，将这些零件组装之后，以一个较低的价格卖给自己的同学，从而赚取中间的差价。因为与原装的半导体相比，他组装的半导体在价格方面要便宜很多，但在质量方面却与原装的半导体差不多，所以同学们都喜欢在他这里购买半导体。再加上他的学习成绩优异，因此，老师们也都很喜欢这个聪明的学生。

但是谁也没有想到，安迪·葛洛夫竟然是一个不太能经受失败、容易丧失希望的人。可能是贫困的家境对他影响很大，遇到事情时，他总是喜欢走极端，这在他之后的经商之路上能够很明显地表现出来。

因为各种原因，安迪先后经历了三次破产。一个黄昏时分，他独自在家乡的河边散步，想到了自己辛辛苦苦创办的基业一次又一次地破产，内心沮丧极了。最后，异常伤心的他在狠狠地大哭了一场之后，呆呆地望着滔滔河水。他想倘若他从这里跳下去的话，那么用不了多久就能够解脱了，世间所有的烦恼就都和他没有任何关系了。

忽然，安迪看到对岸走过来一个看起来十分憨厚的青年。只见那个青年背着一个不是很大的鱼篓，嘴里哼着歌走了过来，他是安迪的朋友拉里·穆尔。

安迪受到拉里的欢乐情绪感染，心情不再那么抑郁了，就问他："你今天抓到了许多鱼吗？"拉里却笑着回答："没有啊，我今天一条鱼也没有抓到。"

他一边回答一边放下自己的鱼篓给安迪看。果然，他的鱼篓里什么也没有。安迪十分疑惑地问他："既然你什么也没有抓到，那么你怎么还这样高兴呢？"

拉里笑着回答："我捕鱼并不完全是为了赚钱，而是为了享受捕鱼的整个过程，难道你没有发现被晚霞渲染过的河水比平常的时候更美丽吗？"

一句话犹如醍醐灌顶，让安迪顿悟：只要积极乐观地面对生活，总能发现生活的美丽。

于是，在安迪的多次央求之下，渔夫拉里，这个一点儿都不懂做生意的捕鱼人成了英特尔公司总裁的贴身助理。其无论何时都心怀希望的乐观精神，时刻影响着安迪。

没多久，英特尔公司奇迹般的再一次崛起了，安迪·葛洛夫也成了美国的大富豪。

希望，让生命之花在泥泞中绽放。只有心怀希望，才能够积极乐观地面对困难，英勇无畏地前行，走出泥淖，走向光明。

在学校里，郭老师是一位声望很高的老师。他年过四十，在教学上获得了众多学生和家长的肯定与赞扬。因此，学校领导对他非常重视。

但十分不幸的是，郭老师在一次体检中被诊断出得了胃癌。医生还告诉他，他的病情十分严重，可能只有大约半年的寿命了。

这对于事业正在上升期的郭老师来说，无疑是一个晴天霹雳，给他的打击不可谓不沉重。

郭老师在心灰意冷之下办理了病退手续，从心爱的教学岗位上离开了，打算就这样在自己的家中安安静静地死去。

可是，两个星期过去，郭老师逐渐想通了：既然我只剩下半年左右的寿命了，那么我应该加倍珍惜啊！与其就这样坐在自己家中等死，还不如将生命的最后光阴奉献给自己深深爱着的可爱的学生们。于是，郭老师又回到了那个他既熟悉又热爱的校园。

与学生们在一起，郭老师的心情调整得很快，他又变回了那个积极乐观的自己。努力地工作，认真地写自己的教案，想要用生命的最后时光为学生们留下些财富。

与此同时，郭老师又重新燃起了对于生命的渴望。他严格地遵循医生的指导，坚强地与病魔做斗争，与死神赛跑。

不少学生与家长都被郭老师的精神感动了，也都纷纷利用所有可以利用的条件帮助他寻找治病的办法。就这样，半年的时间很快就过去了，死神并没有带走郭老师。随着时光的流逝，转眼间，郭老师已经平安地走过了与病魔抗争的第10个年头。

人们在感到惊讶的同时，都纷纷向他询问："到底是什么让你在与死神的战斗中取得胜利的呢？"

每当这个时候，郭老师总会面带微笑地回答："是心中的希望。每天早上醒来，我都会给自己一个希望，我希望自己能够为孩子们再上一天课，希望自己能够为孩子们再批改一次作业，希望自己能够再写一篇教学心得……直到现在，希望的火花仍在我心中跳跃。"

希望是人生的根本，一旦失去了希望，人生就会变得十分灰暗，贫穷、疾病、挫折以及任何失败都可能把我们推入深渊，但是只要你的心中还存有希望，就能将挫折踩在脚下，向着希望前进。

第三章

失败，
是最低的终点，
也是最高的起点

你有怎样的心态，就有怎样的命运

有一句话是这样说的："你的心态就是你真正的主人。"还有一句话叫："你的心态决定谁是坐骑，谁是骑师。"其实，说得简单点就是：你的命运与你的心态紧密相连。你有什么样的心态，就会拥有什么样的生活。

在历史学家眼中，林肯是一位真正伟大的总统，是一位值得被美国人民永远铭记的总统。

纵观林肯的一生，他只取得过两次成功，一次是竞选伊利斯州议员，另一次是竞选美国总统，其余的都是接连不断的磨难。

曾经一门心思地想要成为参议员的林肯在竞争的过程中多次遭遇失败，于是，他就想改变自己人生的方向，想从商寻找出路。但是，在创办企业时却好像遇到了布满暗礁的海港一样，总是经历各种挫折，他所经营的企业倒闭了一次又一次。这位坚持不懈的奋斗者一直在承受着各种煎熬，成功女神似乎并不喜欢他。

在这样的情况下，林肯却仍然笑容满面，喜欢与周围的人开开玩笑，以此来调节自己的心态。

那个时候，美国奴隶制非常猖獗，堪萨斯爆发了激烈的内战，林肯此时提出了著名的政治主张——为了争取自由与废除奴隶制而斗争，一举赢得了美国人民的肯定，被选举为总统。

其实，你的心态不同，对生活的看法就会不同。倘若你秉持积极乐观的心态看待生活，那么你就会看到生活处处充满阳光。倘若你秉持消极悲观的态度看待生活，那么你看到的只会是苦难与不幸。就好像美国著名的心理学家威廉·詹姆斯所说的那样："我们这一代人最重大的发现是——人能改变心态，从而改变自己的一生。"

北宋著名文学家苏东坡才华横溢，但他的一生却极其坎坷：他出任过30个官职，却被贬了17次。在人们熟知的"乌台诗案"中，他甚至被贬到了黄州，后来又到了岭南，最远的时候到了海南岛。

但是，苏东坡没有消极，一生达观。在他所留下的诗歌中，很少有悲观厌世之作。在残酷的政治打击面前，他依旧谈笑风生，畅怀高歌，留下了诸多脍炙人口的传世之作，为宋词的发展做出了重要贡献。

这就是心态的力量，设想一下：如果苏东坡在遇到坎坷时，只是沉浸在痛苦中无法自拔，一味地埋怨命运的不公，那么我们看到的就是另外一番历史了。

生命之帆不可能不受到波浪的考验，一时的挫折与苦难是不可能避免的。所以，请用积极乐观的心重新对你的人生进行审视吧，届时，你就会发现：你拥有什么样的心态，直接影响了你会拥有什么样的命运。保持好的心态，最终才能迎来命运对你的垂爱。

挫折是成功的入场券

我们每个人都会面临各种各样的挑战和挫折，这时候你抗挫能力的高低，会影响你未来命运的好坏。成功并非一个让你停留的海港，而是一次藏着不少危险的旅程，人生的赌注即在此次旅行当中做一个令人羡慕的大赢家，而成功永远属于那些不畏惧挫折，敢于挑战自己的人。

有一天，一个很有学问的人遇到了上帝，他十分生气地质问上帝："我是一个知识渊博的人，为何你就是不给我功成名就的机会呢？"

上帝听了之后很是无奈地回答道："尽管你很博学，但你每一样都只是尝试了一点点，没有耐心深入研究，你有什么资本去功成名就呢？"

那人听了之后，觉得有道理，就开始苦练钢琴。后来，他的钢琴弹得非常出色，却仍然没有出名。

于是，他又去质问上帝："上帝啊！你看，我已经能专心将钢琴弹奏得非常出色了，为什么你还是没有给我功成名就的机会呢？"

上帝摇着头回答："不是我没有给你成名的机会，而是你自己没有把握住机会。我暗地帮助你去参加钢琴比赛，但是你没有信心放弃了；第二次你缺乏勇气又放弃了，这不能怪我啊！"

那个人听了上帝的话之后，又苦苦练习了好几年，拼命建立信心，并鼓足了勇气参加了钢琴比赛。这次，他弹奏得相当完美，但是因为裁判的不公正而被别人将成名的机会抢走了。

那个人垂头丧气地找到上帝，说道："上帝啊，这次我真的已经竭尽全力了，看来，我这一辈子都不可能功成名就了。"

上帝面带微笑地对他说道："其实，你已经快要打开成功的大门了，只不过还需要最后一跃而已。"

"最后一跃？"他听后，两只眼睛瞪得大大的。

上帝点了点头，说道："你实际上已经拿到了成功的入场券——挫折。而成功就是挫折送给你的最好的礼物。"

那人在心中暗暗记住了上帝的话，在面对挫折的时候，毫不畏惧，勇敢地挑战自我，最后，他果真取得了成功。

人不可能永远都生活在阳光之下，在生活中不可能不经历挫折与失败。挫折是进入成功之门的入场券，可以令人变得成熟，成就一番事业，但也可能令人丢失信心、失去斗志。一个人在挫折面前只有坚持不懈、勇于挑战自己，随时准备把握住稍纵即逝的时机，才有可能登上最高的山峰，看到最美的风景。

山里住着一户人家。父亲是个经验丰富的老猎手，在山里生活了几十年，走崎岖的山路就好像走平坦的大路一样，从来没有出过什么意外。但是，有一天，因为天降大雨，山路十分泥泞，他一时没有注意就跌到了山崖下面。

当两个儿子把父亲找到并抬回来时，他已经快要不行了，在临终之际，他用手指了指挂在墙上的两根绳子，断断续续地说道："那两根绳子给你们两个人，一人一根。"他还没有将自己的真正用意说出来就死了。

将父亲埋葬之后，兄弟两个人继续过着打猎的生活。但是，山中的猎物越发少了，有的时候，奔波了一整天却连只野兔都打不到，他们的生活过得更加艰难了。

有一天，弟弟与哥哥商量："哥哥，要不咱们做些别的吧！"

哥哥一口回绝了："不行！咱家祖祖辈辈都以打猎为生，我们还是老老实实地做猎人吧。"

弟弟看到哥哥不赞同，就将父亲给他的那根绳子拿上独自走了。

弟弟先是砍了一些柴，用绳子捆了起来，将柴背到山外卖了换钱。后来，他无意中发现，山外的人都非常喜欢山里的一种野花。而且这种野花漫山遍野都有，却因为卖的人少，所以价钱很高。从此之后，他就不再砍柴了，而是每天弄一捆野花带到山外去卖。

几年之后，他攒足了钱，自己盖起了新房子。

而哥哥仍然住在自家那间非常破旧的老屋中，安安分分地做着猎人。因为经常打不到猎物，所以，哥哥的生活变得越发拮据。于是，他整天皱着眉头，无奈地叹气。

一天，弟弟趁着空闲时间来看望哥哥，却发现哥哥已经用父亲留给他的那根绳子上吊了。

同样的两根绳子，却造就了不同的两种人生。有的人在困难面前选择了挑战自我；有的人选择了畏惧退缩。幸福永远都不会同情弱者，在挫折面前倒下的人也只有死路一条。

当你快顶不住的时候，其实噩运也要顶不住了

人们都希望自己的生活多些快乐，少些烦恼，但是命运似乎总爱与人作对，让人们遭遇更多的噩运，体会更多的痛苦。

其实噩运对任何人的一生而言都是必须经历的坎坷。从另外一个角度来说，噩运也是另一种财富，是走向成功的入场券，因为战胜噩运所取得的经验是走向成功的礼物，在与噩运斗争中积累和迸发的激情是人生奋进的力量。逆境成才就是这个道理，好钢总是需要锻炼，温室里的花儿无法漂洋过海走四方。

一个很有名的拳击运动员曾经说过："当你的左眼被打伤时，右眼还得睁得大大的，才能够看清别人，也才能够有机会还手。如果右眼同时闭上，那么不但右眼也要挨拳，恐怕命都难保。"

在悲观者看来，噩运就是巨大的灾难；而在乐观者看来，噩运却是生活的浪漫。成功者与失败者之间最大的区别就在于失败者往往将噩运视为失败，而成功者则从来不会逃避，不会轻易认输，在面临一次又一次噩运的时候，总是自我鼓励道："我没有失败，只是暂时还没有取得成功。"

任何人都逃避不了命运，任何人也逃避不了噩运，这就好像任何人都不能不吃饭、不能不呼吸一样。当噩运降临时让人感动的是在噩运中

再次奋起的勇气和坚毅，噩运并不可怕，可怕的是我们一听到噩运来临就先怯懦，退避三舍。

    清朝末期，梨园中有三名艺人非常有名，被人们称为"梨园三怪"。他们分别为聋哑人王益芬、盲人双阔亭以及肢体残疾人孟鸿寿。

    我们来讲讲聋哑人王益芬的故事吧。他虽然天生不会说话，却是一个非常有心的人。平时他常常悄悄趴在舞台边观摩父母演戏并悄悄地进行模仿，在心中牢牢记住那一招一式，之后，每天都起早贪黑进行练习。

    尽管困难重重，但他依旧咬紧牙关坚持着。后来，他一鸣惊人成为梨园中声名远播的武花脸。

    盲人双阔亭从小就拜在名师门下学艺，但是，后来非常不幸地因为疾病而失明了。

    然而，他并没有因为这个原因就自暴自弃，反而更加勤奋、更加刻苦，最后终于成了一位演技精湛的武生。

    据说，他在台下走路的过程中还需要旁人进行搀扶，但是一旦走上了台表演却能够寸步不乱，武艺超绝，别人根本看不出来他是一个盲人。

    肢体残疾人孟鸿寿从小就患有软骨病，生得身长腿短，头特别大，脚又特别小，平常走路都走不好，东倒西歪，保持平衡就已经是很难的事情了。

    但是，他却懂得扬长避短，通过勤奋的学习与艰苦的训练，最终成了一代著名的丑角大师。

　　尽管"梨园三怪"的身体存在不可忽略的残缺，但他们并未向命运低头，而是依靠自己坚定的信念，勇敢地与命运斗争，最后终于赢得了梦寐以求的成功。

　　无论做什么事情，都不可能不遇到困难与挫折。当挫折横在前路，我们应当勇敢地打败它们，从容跨过。把这种噩运当作成功的机遇，当作进入成功之门的助力。因为困难与挫折绝对不会因为人们对它产生畏惧而有一丝一毫的改变，成功也绝对不会对那些心甘情愿过平庸生活的懦夫产生怜惜之心。只有那些在噩运之中毫无畏惧，勇敢前行的人，才能够收获成功。

真正坚韧的人，都能看到奇迹

人们将很多没有办法运用常理解释的事情叫作"奇迹"。但是，对于那些创造出奇迹的人而言，奇迹只是乐观的心态与坚定的信念自然形成的一种结果。

2008年，汶川发生了地震。什邡市蓥华镇中学初二的学生蒋德佳与初三的学生廖丽都经历了这场恐怖的天灾。在地震发生之后，她们被震塌的学校大楼压在了一起。

根据蒋德佳回忆说，她当时听到外面一阵阵惊慌失措的尖叫声，然后就昏过去了。等她再次醒来的时候，白天已经变成了夜晚，她全身上下都非常疼，她忍不住呻吟着，想要站起身来，但是被一块块已经破碎的水泥板压住，根本没有办法动弹。在饥饿与寒冷中，浑身都是伤的她多次想要睡过去，这时却传来另一个女孩儿的声音："不能睡，千万不能睡，万一你睡着了却醒不过来怎么办？"

被碎石压住的那个女孩就是廖丽。尽管她与蒋德佳并不相识，但蒋德佳在听见她痛苦的呻吟声之后，害怕她睡过去而丢了性命，就不停地鼓励她一定要坚持下去。最终，这两个女生都被救了出来。蒋德佳说道："我们经过生与死考验结下的情谊，将一生无法忘却。"

与其说是她们的互相勉励打败了死神，不如说是她们的信心与勇气挽救了自己。在那样紧急危险的情况下，这两个还未成年的小女孩说了什么并不是最重要的，最重要的是，她们都保留着对生的渴望，保留着活下去的信心、勇气以及希望。

信心具有如此重要的作用，它能够让我们在无法获得帮助之时，得到自救的能力；它能够在我们失去希望的时候，坚信未来仍然是美好的；它能够让我们在无可奈何的时候，淡定地应对一切。生命中之所以能够出现某些转折点，就是因为我们相信自己，从而赋予了自己强大的力量。

宋朝有一段时期接连不断地发生战争，作为大将军的李卫也奉命带领大量的人马奔赴战场。然而，不幸的是，相较于敌军，他的军队势单力薄，被敌军围困在一个小山顶上。

在这样的情况下，李卫的军队士气大减，甚至还有不少士兵产生了缴械投降的念头。这个时候，李卫召集众官兵，说道："士兵们，照现在的形式来看，我们的实力比不过敌军，但是，我始终相信天意，如果老天爷想要让我们打赢这场仗，那么我们就能够赢。我手中有九枚铜钱，向上天企求保佑我们能够顺利地突围出去。我将这九枚铜钱全部撒在地上，倘若出现的全是正面，那么肯定是老天爷保佑我们；倘若有不是正面的，那就意味着老天爷告诉我们不可能冲出去，我们就一起投降。"

　　士兵们紧张地看着李卫摇了摇铜钱，一下子撒向空中，随后，那九枚铜钱落到了地上，大家争先恐后地挤到人群中去看。不知是谁喊了一声："快看，九枚铜钱都是正面！"士兵们都睁大眼睛看向了地上的铜钱，发现这九枚铜钱果然都是正面。士兵们高兴极了，他们跳了起来，将李卫高高举起，大声地喊道："我们肯定会赢的，老天爷会保佑我们的！"

　　李卫将地上的铜钱捡起来，大声说道："既然上天保佑我们，那么我们现在还等什么呢？我们肯定能冲出去的！大家鼓足勇气，我们一起冲出去！"

　　就这样，李卫数量不多的人马居然奇迹般从力量强大的敌军包围中冲了出来，并成功与大部队会师。

　　一段时间之后，士兵们在说起铜钱的事情的时候，还说："倘若那天没有老天爷的保佑，我们肯定就冲不出来了。"

　　这时李卫从自己的口袋中将那九枚铜钱掏了出来，大家这才发现，这些铜钱的两面居然都是正面！

　　用了一点小小的心机，就能将战局转变。其实，如果我们认真地品味这个故事，就可以发现：他们之所以能够取得胜利，其根源还是在于信心。

　　与金钱、权势、背景相比，信心具有更强大的力量，是我们做任何事情的资本。信心可以帮助我们克服各种困难，排除各类障碍。有些人会在一开始的时候对自己有个比较恰当的评估，可是一旦遭遇挫折，他们就会选择半途而废，这就是他们缺乏信心或者信心不足的一种表现。因此，我们不仅要树立信心，还要让我们的信心变得异常坚定，这样即便遭遇挫折，我们也能够不屈不挠、勇往直前，直至取得最终的胜利。

  林肯说："喷泉的高度不会超过它的源头；一个人的成就不会超过他的信念。"人既不是冰冷的机器，也不是冷血的行尸走肉，我们的行动往往听从自己内心的呼唤，而我们的内心到底有多么强大，则取决于自己。培养出坚强的内心与超强自信，我们的生活才能达到新高度，将奇迹握在自己的手中！

生活的模样，取决于你凝视它的目光

人生在世，不如意之事十有八九，比如，你天生"点儿背"，屡遭噩运等，都会极大打击你的自信心。这个时候，不妨换一个角度、换一种心态看问题，也许会有与众不同的收获。

有一位母亲长得十分漂亮，但是她的女儿却相貌丑陋。因为这个原因，女儿非常自卑，经常自怨自艾。作为母亲，对于女儿的心事自然心知肚明。为了帮助女儿从心理困境中摆脱出来，她带着女儿来到了照相馆。

母亲对摄影师提出了一个听起来很奇怪的要求，她不让照相师将她女儿的整张脸拍下来，而是单独对女儿的五官，比如，眼睛、鼻子、耳朵以及嘴等进行拍摄。在照相师给女儿拍完照后，母亲又拿出来一张很美的女星玛丽莲·梦露的照片，然后让照相师进行翻拍，并且把这位美人的五官逐一分开。

当照片冲洗出来之后，母亲就将自己女儿的五官照片与梦露的五官照片一一对照贴在了女儿的房间中。每当女儿感到自卑时，母亲就会让女儿认真地观看那些被特意分组的照片，并且说："相较于世界上有名的大美女，你有什么地方比不过她呢？"

　　女儿十分迷惑地看着自己的母亲，心中半信半疑。后来，她让自己的闺密们看那些照片，并且让她们做出判断。在不知道实情的情况下，她的闺密们，有的说照片上的眼睛比那个外国女人的眼睛更迷人，有的说照片上的嘴巴看起来更加性感。慢慢地她开始相信母亲所说的话，觉得自己并不比那个美国大明星丑，整个人也越发自信起来。

　　长相不佳确实属于一种缺陷，但倘若整天只盯着自己的缺陷不放，那么你就会越来越清晰地感到自己的缺点是那样多、那样不幸。这个时候，你的眼前仿佛横着一个超大号的放大镜，原本很小的缺陷就会被无限放大，对你的自信心造成毁灭性的伤害。可是，当你换一个角度，换一种心态再来看时，这个缺陷却并非致命，甚至是可以完全忽略的。

　　从前，有一位皇帝做了个梦。他梦到山倒塌了，水枯竭了，花也凋谢了，就叫自己的皇后为他解梦。皇后说道："哎呀，大事不妙。山倒塌了意味着江山就要倒了；水枯竭了意味着民众就要离心了，君就是舟，民就是水，水枯竭了，舟也就不可能再行驶了；花凋谢了意味着好景不长了。"皇帝听了皇后的话，吓出了一身的冷汗。从此，一病不起。

　　一位大臣在参见皇帝的时候，得知了他的心事。令皇帝没有想到的是，那位大臣却大声笑着说："您做的梦真是太好了！山倒塌了意味着从今往后天下太平了；水枯竭了意味着真龙要现身了，皇上您就是真龙天子啊；花凋谢了意味着花谢见果，这分明是个极好的梦啊！"皇帝听了之后，全身就变得轻松起来，他的病也好了。

面对同一件事情，以不同的角度去看待，就会有不一样的结果。人生亦是如此，当我们在生活或工作中遇到不顺心的事时，不妨静下心来，坦然面对，换一种角度看待问题，那么我们就可以看到另一番天地。

保持乐观心态的人在灾难中看见的是希望，而保持悲观心态的在希望中看见的却是灾难。倘若你没有办法改变自己生命的历程，那为什么不改变一下自己看待生活的角度呢？换一种心态看待世界，或许你就会有惊喜的发现。

想要独一无二，你只要活得自由，比谁都肆意奔放

在这个世界上，每个人都是独一无二、不可替代的，你就是你，不需要遵从别人的眼光与标准来对自己进行评判，甚至对自己进行约束。

伊丝·欧蕾来自加利福尼亚，从小就十分害羞，十分敏感。因为她长得很胖，再加上一张大圆脸，让她看上去更显胖了。她的妈妈是一个很守旧的人，觉得她这样胖胖的身体才好，穿着上也以宽松朴素为主。她从来没有参加过聚会，也没有参加过娱乐活动，上学之后，也从来不与别的小朋友一同户外活动。因为她特别害羞，在她看来，自己与别人不一样，别人是不会欢迎自己的。

长大之后，伊丝·欧蕾与一个比她大好几岁的男人结婚了，但是她仍然非常害羞。她的婆家是一个自信、安稳的家庭，在她的身上似乎找不到一点儿婆家的优势。

生活在这样的环境中，她总是想尽一切可以想到的方法来改变自己，希望自己能够做得像婆家人一样，但结果总是令人遗憾。婆家人也想给她提供帮助，让她从禁闭当中脱离出来，但是他们善意的行为不仅没有帮到她，反而让她变得更加自闭。她变得十分容易紧张，动不动就发怒，尽可能地不与朋友

接触，甚至连听到门铃声都感到害怕。她明白自己就是一个失败者，但是她不愿意被自己的丈夫发现。

于是，在公共场合中，她总是努力地让自己表现得非常快乐，有的时候甚至表现得有些过头了，所以，事后她又会觉得非常沮丧。正是由于这个原因，她的生活并不快乐，她不知道自己的生命有什么意义，甚至她还想到了自杀……

幸运的是，伊丝·欧蕾太太最终没有去自杀，那到底是什么让她的命运发生了改变呢？原来，这要归功于她的婆婆。

欧蕾太太在书中写道：

这一段十分偶然的谈话将我的整个人生都改变了。

有一天，婆婆在说起她是怎样带大几个孩子的时候，这样说道："不管发生什么事情，我都坚持让他们保持本色。"

"保持本色"这句话仿佛黑暗中的一道光将我的世界照亮了。我终于明白了，原来我始终都在勉强自己去做一个不适合自己的角色。我开始让自己学着保持本色，并且努力寻找自己独特的个性，尽可能地弄清楚自己到底是一个怎样的人，对自己的外表与风度加以注意，在挑选服饰时也尽可能地选择适合自己的。

我开始努力地交朋友，参加一些活动。第一次表演节目的时候，简直吓坏了。可是，我每多开一次口，就会多增加一些勇气。一段时间之后，我的身上发生了极大的变化，我觉得自己很快乐，这是以前根本不敢想的！

从此之后，我将这个宝贵的经验告诉自己的孩子们，这是我在历经了很多痛苦之后才学到的——不管发生什么事情，都要保持自己的本色！

就像幸运的伊丝·欧蕾太太，保持自己的本色是你能拥有完美人生的必要条件，独一无二才能得到上天的眷顾，才是最珍贵的，你永远值得被别人温柔对待。

在这个世界上，有太多人觉得，除非自己非常英俊、非常聪明，并且比别人谈吐幽默或者更擅长运动等，不然的话，就不值得拥有别人的爱与尊重。其实不然，你绝对是值得让人爱，让人尊重的，只因为你的独一无二。

没自卑过，怎么知道你的目标在哪儿

自卑感是一种过低评价自己、妄自菲薄的自我意识。自卑者通常表现为：缺乏自信，总认为自己在某些方面不如他人，孤独，缺乏人际交往能力，不敢正视别人，不敢大胆做事，像一只老鼠一样，走路都要顺着墙脚走。

玛丽凭着杰出的才干当上了部门经理。她属下9个人，男员工占了6个。在给这些男人分派任务时，他们常常还她一个微笑，不多说一句话。玛丽仔细品着他们的笑意，总感觉那里面充满了轻视。为此她胆战心惊，梦里都在想自己哪里出了问题，才遭到员工的嘲笑。开会的时候，想好的话，说出来就不是原来的样子，常常闹得脸红。

玛丽这样的情况就是缺乏自信造成的。

马克思十分欣赏这样一句格言：你之所以感到别人巨大高不可攀，只是因为自己跪着。其实你鼓起勇气站起来试试，一定能发现，自己并不一定比别人矮一截。克服自卑的最佳姿势就是站起来，扬起你的自信。

1.自我分析要客观

在自我分析时，我们不但要看到自身的劣势，而且也要看到自身的优势。这对于克服自卑心理有很大的帮助。人与人的生活、成长环境是不一样的，在不同环境中成长起来的人，自然会在能力与素质方面存在或多或少的差别。任何人都有属于自己的优势与劣势，不管是在学习中，还是在生活、工作中，我们都要扬长避短。不要总是拿自身的劣势与他人的优势比较。

2.善于进行自我表现

人为什么会产生自卑感？这与心理封闭有着很大的关系。而心理封闭通常都是在自我表现过程中遭遇挫折造成的。这往往是思路狭隘、闭塞所致。要知道，天下之事不可能一帆风顺，既有成功，也有失败，成功固然令人欣喜，但失败也并不是没有一点儿益处。当你在与他人进行交往的过程中，遭遇到冷落或者讥讽时，不要伤心，也不要气馁，最明智的选择是先让自己冷静下来，然后认真地对失败的原因进行分析，最后用超强的自信与勇气去面对命运所发出的挑战。这样一来，你就很容易将局面打开。随着时间的推移，成功的经验会越积越多，从而不断地将你的自卑感消除，促使你的自信心得到增强。

3.正确对待失败与挫折

现代社会纷繁复杂，在实践的过程中难免会遇到失败与挫折。我们要正确看待失败与挫折：失败乃成功之母，我们应当从失败与挫折中总结经验，认真地吸取教训，从而提升自身的素质与能力。不要因为一时的挫折与失败就选择妥协放弃。

4.对人际关系的改善加以重视

为了给自己创造一个良好的社交环境，在处理与自己一同学习、生活、工作的人的关系时，我们一定要给予足够的重视，要与他们多谈谈心，保持良好的沟通。另外，在对待其他人时，我们也应当秉持相互帮助、相互鼓励的态度，友善待人。

5.注意培养坚强的意志

倘若我们真的存在不足之处，并且我们也知道自身的缺点，那么就应当下定决心进行改正，在实践的过程中锻炼自己坚强不屈的意志。另外，面对外界的不良刺激，我们不用太过计较。

与其抱残守缺，不如断然放弃

我们常听到人们如此哀叹："要是……就好了！"这是一种明显的内疚、悔恨情绪，而我们每个人都会不时地发出这种哀叹。

悔恨不仅是对往事的关注，也是由于过去某件事产生的现时惰性。如果你由于自己过去的某种行为到现在都无法积极生活，那便成了一种消极的悔恨了。吸取教训无疑是一种非常健康的做法，同时也是使我们不断前进和发展的重要方法。而悔恨运用得当可以让事情有不小的起色，但仅靠悔恨是无法解决任何问题的。

爱默生经常以愉快的方式来结束每一天。他告诫人们："时光一去不返，每天都应尽力做完该做的事。疏忽和荒唐事在所难免，要尽快忘掉它们。明天将是新的一天，应当重新开始，振作精神，不要使过去的错误成为未来的包袱。"

学会将过去的错误、罪过和失败中的经验教训提取牢记，别的全部忘记，抬头向前看，是成为一个快乐的人的前提。

印度"圣雄"甘地在行驶的火车上，不小心把刚买的新鞋弄掉了一只，周围的人都为他惋惜。不料甘地立即把另一只鞋从窗口扔了出去，让人大吃一惊。甘地解释道："这一只鞋无

论多么昂贵，对我来说也没有用了，如果有谁捡到一双鞋，说
不定还能穿呢！"

甘地的行为有他自己的价值判断：与其抱残守缺，不如断然放弃。
我们都有过失去某种重要东西的经历，且大都在心里留下了阴影。究
其原因，只是我们没有调整好心态去面对失去，没有从心理上承认失
去，总是沉湎于对已经不存在的东西的怀念。事实上，与其不停地懊
恼，不如正视现实，换一个角度想问题：也许你失去的，正是他人应
该得到的。

令人后悔的事情，在生活中经常出现。许多事情做了后悔，不做也
后悔；许多人遇到要后悔，错过了更后悔；许多话说出来后悔，不说出
来也后悔……人生没有回头路，也没有后悔药。过去的已经过去，你再
也无法重新来过。一味后悔，只会让你错过未来的美好，给未来的生活
增添阴影。

自怨自艾是成功路上最大的绊脚石

升迁机会旁落他人，这个打击能令很多人如同受到当头一棒，品一品其中的苦味，怎么也咽不下去，那该怎样面对呢？

大家都渴望在一个理想的职场中工作，只要干得好，就会有升迁、加薪的机会。不过，现实往往非常残酷，个人优秀的能力却往往被办公室政治、个人矛盾埋没，升职加薪自然轮不到你，对于某一个职位来说最适合的人也许永远也得不到这个职位。

未能获得升职的确是非常痛苦的，它意味着你的才能和业绩被否定。不过升不升职并不能完全反映出你能力的大小，其原因是多方面的，可能来自客观，也可能来自主观。而且也不是每个业绩好的员工都能升职，僧多粥少，必然会考虑其他一些综合因素。因此在你匆忙对自己下结论前，弄清实际情况非常重要。

西雅图一位女营销经理就遇到了这种情况。她错过了三次升职的机会，虽然从能力上看，她是做这项工作的最好人选，但三次机会都与她擦肩而过。她不能理解为什么能力不如她的人都在她之前获得了升职，况且她还为公司做出了非常突出的贡献。

一再与升职无缘，而你的工作表现一流，其他各方面的评价也很不错，你又是少数具有专业素质的精贵员工，很自然地会想到这是上司的不公。

有猜测是很正常的，但你还要谨慎地思考，在不清楚老板意图的情况下，需要完整地考虑一下会不会是别的因素影响了你的升迁？比如，你是他的秘书，你的工作很出色，老板也认可。可行政主管的位子却不是你的，可你想过没有，他可能另有重任，需要你进一步锻炼。

更多地了解你不被提升的原因非常重要，这样你才能采取有效措施来扭转局面。

之前那位营销经理经过一番深思后明白了，她需要的谈话结果是弄清她怎样做才能获得升职。她请求上司指出要获得升职她还需要做些什么，并希望上司能给予她明确的指示。意外的是，上司并没有贬低她的工作的意思，并告诉她，老板很看重她，想培养她接替自己的位置，这样做是为了对她进行进一步的指导，从而能够继续扩展业务知识，增加责任感和承受能力。

没有升职并不是上司对你的否定，也不是你事业的尽头，没必要对此产生恐慌。静下心来，将此次升职失败当作一次学习的机会，寻求自己工作上的突破。你不能永远停滞不前，总结以往的经验才能更好地出发，自怨自艾没有任何用处。

第四章

职场，变「废」为「宝」的风水宝地

如何找准你在职场中的定位与价值

因为公司的委派，父母长期在英国工作，王雨从小就生活在英国。她是一个乖孩子，读书很用功，拿到一所著名大学的工商管理硕士学位。但是，父母已经到了退休的年龄，她也跟着父母回到了中国台湾，并且十分顺利地进入了一家很不错的跨国企业工作。

王雨总能在最短的时间内完成主管交办的事务，因此深受顶头上司器重，很快就成为主管最得力的左右手。主管也总在老板面前对王雨的表现赞誉有加，比起其他同期进来的新人，王雨一下子就从菜鸟晋升组长、主任……前途一片大好。

某次偶然的机会下，王雨无意中知悉自己的顶头上司竟没有名校的学历，只是陪老板一路打拼至今，才晋升高层。

王雨心想：难怪主管一向不善言辞，为人低调木讷，和国外业务相关的电话也都经由老板指示后，由自己代为接洽。原来是因为主管的学历、外语能力不足……王雨越想越觉得，相较之下，这样的人怎么有能力领导自己呢？于是，面对原本尊敬有加的主管，她的心态全然改变了，甚至有点看不起他。她常常一意孤行，把上司的命令当作耳边风，而且，当开业务会议时，她还常常觉得上司并不了解实际情况，当面辩驳。

虽然主管也突然觉得王雨对他的态度有所转变，但又不知原因，反而站在王雨的角度考量，觉得或许她因为刚进公司，跃跃欲试，这对公司而言也不是什么坏事。而且主管很看重她的教育背景，即使几次被她顶撞，也选择对她宽容。

有一次，王雨以专案负责人的身份和主管一起到广州出差，公司已经预先安排了几场重要的会议。

但到了广州后，王雨突然向主管提出想去和一位在那里工作的同学碰面，甚至不惜放弃参加会议。主管认为王雨是这个专案的负责人，而且也是第一次以公司代表的角色与合作方见面，于公于私都不应缺席任何会议。但王雨却执意如此，为此，两人争得面红耳赤。

最后还是由陪同的人力主管出面调解，她才放弃了这个念头。结果，这个消息传回老板耳朵里，从广州出差回来，王雨马上就被老板解雇了。

这个结局，相信是高学历又能力超群的王雨完全没有想到的。其实，在现实中，一个人的工作能力固然非常重要，但他与人交往的能力更是决定自己能否在公司长久发展的重点。

有许多学生时代一路顺遂的年轻人，进入职场后，常常觉得公司、主管的决策太陈腐，自己才有创新的视野与能力，因此经常觉得自己怀才不遇，当公司的决策走向与心中不符，就逐渐失去对工作的热情，也减少了学习、历练的机会，或是忽视与同事和顶头上司的关系，最后断送了大好的发展机会，吃亏的还是自己。

努力将自己的优势与工作结合，不要恃才傲物，而应学会等待时机。"先求有，再求好"，你得先适应、融入环境，把自己分内的事、主管交办的内容先按部就班地做好，同时虚心学习。

任何一个人在公司中都有他存在的意义与价值，我们应当秉持"只要想做，肯定能学到更多"的态度，吸收对自己有帮助的知识，并且耐心地等待时机，努力奋斗，收获自己想要的成功果实，完成自己最终的目标。

获得领导的信任，才能更好地创造未来

在对领导者行为进行研究的过程中，研究学者葛伦曾经提出一个理论：领导——成员交换理论。该理论充分地说明，在社会或者职场上，不管是基于哪种因素，在时间的压力下，领导者和员工中的少数人会建立比较紧密的特殊关系。

先进入领导者"信任圈"的员工，会得到他们更多的关照，也更可能享有较优渥的薪资福利，甚至特权，主管也会更愿意授权给这类员工，以此达成领导者与员工间的健康关系。

而其他"信任圈"之外的人，他们占用领导者的时间较少，获得满意的奖励机会也相对减少，因此造成领导者和员工间的关系呈现负面的循环。

无论是对于刚踏进社会的新人，或是刚转职进入新公司的职场老鸟，与公司领导者和主管间的关系，就决定了自己能否"被重用"的命运。

避过以下雷区，你才能顺利进入领导的"信任圈"并被重用。

1.主管吩咐一步，才做一步的人

这类人缺乏上进心，主管未提出下一步要求，他就待在原地等候指示，或摆出一副纳凉的姿态，不主动询问，也不争取机会，找到时间就偷闲休息。

面对这种一个命令做一个动作的员工，主管会认为："你就只有这点能力而已。"重大的专案当然不会交给你。

2.老是搞错方向，与主管期望相背的人

你会发现有些人进入公司好几年了，每天都是最早到公司，最晚离开公司，简直是最吃苦耐劳的人，但他们就是无法顺利晋升，蹉跎成为最资深的菜鸟，却很迷茫。

有些人过度自以为是或做事不加思考，如果在尚未搞懂上司对这项工作结果的预期之时，就率先埋头瞎干，最后达不到上司预期的成果，例如，工时长却绩效差、满脑子创意却未评估风险……就算他常常挑灯夜战，勤勤恳恳，老板可能还是会觉得：你还是每天准时上下班，别浪费公司资源吧！

3.爱斤斤计较，又待己甚宽的人

有些奉"绝不吃亏"为工作圭臬的人，在承接上级指示后，总是在心里暗忖："我做这有什么好处？"或是爱和上司抱怨、发牢骚："别的公司都有……我们公司没有……"

这类人平时擅长争功诿过，哪里有好处一定看得到他极力争取，哪里吃力不讨好，他就跑得一溜烟不见人影，或是摆出爱做不做的样子。

这种老是爱跟上级"讨糖吃"，平时工作态度又得过且过的人，老板会认为：你爱计较又不想吃亏，请你这种人，我才是吃亏。

如同上文谈到的王雨，虽然各方面条件都十分优秀，但她已经先入为主地打心底"排斥主管"，别人自然更不可能把她"放在心上"。

老板看到自己任命的主管都不能得到她的尊重，心中就会产生这样的猜想：我任命的主管，你不给予尊重，那就相当于你也不尊重我。既然这样，管你多么能干，我也不需要在乎你的感受。

取得领导的信任，不仅要勤奋、努力、踏实，还应该多多站在领导的角度，思考每一个命令的目的。如此，才能真正踏入领导的"信任圈"，为自己的未来铺路。

夜空从不会想要了解每颗星星

这是著名的励志作家王宇昆的真实经历：

在高中时期，王宇昆第一次参加较为隆重的颁奖典礼。当时，与他一起获奖的有不少人。主办方事先就提醒过获奖者，在上台领奖的时候，只要是正式服装，别的都随自己喜欢。

到了领奖的那天，王宇昆特意穿了一身自己很喜欢的衣服去。为了防止出现什么意外，他还在包里放了一套备用衣服。

化妆间并不大，领奖者需要排好队等着化妆师为其化妆，造型师则在旁边帮助领奖者整理造型与服装。

终于轮到王宇昆了，给上一个领奖者造型完毕的女造型师嘴里叼着一根烟，十分好奇地看着他。她问王宇昆为什么还没有换上服装，王宇昆用手指了指身上的小西服，说自己已经换好了。

"你就要穿着这身上台领奖？"造型师灭掉她的烟，一脸的不可思议，然后指了指对面衣架上琳琅满目的衣服，示意王宇昆选一套换了。

王宇昆有些固执，站在原地不愿意换掉这身衣服，看到造型师有些不耐烦了，就拿出了那套备用的给她看，却看见她朝着王宇昆翻了一个巨大的白眼，然后用手指着王宇昆身上的那件衣服，用鄙夷的语气说了一句："几十块钱的淘宝货都比这强，这里，这里，还有这里线头都开了，还有这颜色怎么那么奇怪啊，你要是好意思穿上台你就穿！"

这时催场的工作人员进来催促大家加快速度，王宇昆看着那个造型师嫌弃地摆摆手，喊着"来下一个"，然后捂着嘴冲对面正在吹头发的发型师偷笑。就在王宇昆尴尬得恨不得找个地洞钻进去的时候，她冲着下一个人满意地说了一句"今年的新款哟，再加一个胸针，站上去灯光一打，绝对好看"，王宇昆瞥了眼那个男生，觉得被人羞辱了一般的难受。

王宇昆不解为什么总有人具备那种一眼就可以看出衣服鞋子是不是大牌的能力。后来，他回去搜了那个牌子，看着是自己那身西服几十倍的价格，脑袋里又回忆起那个造型师对他说的话和那个巨大的白眼，心里装满了苦涩。

那天颁奖结束后，王宇昆的妈妈打电话，问他情况怎么样。那时候他正在宾馆收拾东西准备回家，他看着那身最终还是没有穿上台的西服，对妈妈说了句"全场就数我最好看"，妈妈高兴地回他："那下次妈还给你亲自改西服。"他在电话这头强颜欢笑地点头说好。

王宇昆人生第一次感受到自己在这个世界面前是苍白无力的，那种被人看扁的滋味像一把锋利的匕首把他的自尊心划破。除了自己，没有人会在乎你身上的这件衣服是连夜精心改制出来的，没有人试图了解其中倾注了多少真心与希望。就像夜晚地上的人望向无垠的天空，所有人看到的只是那些发亮的星星本身所闪烁的光芒。

再后来，王宇昆发现有的人是可以具备那种一眼就辨别出来是否是大牌衣服、鞋子的能力的，而且这种能力是可以被学会的，就像电影《穿普拉达的女王》里的女主角埋头苦学，最终成功蜕变为时尚界新星一样。王宇昆学着去努力分清并记住那些长长的外国品牌，学着去保护自己脆弱的自尊心。

本身不会发光的月亮努力反射太阳的光，才能让人们在夜晚的天空看见它的样子。人那么努力地让自己配得上一切华丽的外衣，也不过是为了悄悄隐去身后那辛酸的暗淡。

王宇昆曾经在杂志上连载过自己的长篇小说，那是他写作以来第一次在杂志上那么长篇幅地发表作品。

杂志的贴吧开了一个专门讨论这部作品的帖子，作品在开始连载的那几期，帖子下面除了怀念之前作者的作品多么打动人心的评论之外，举目皆是抨击他的留言。

"怎么会选择这样一个作品做连载，看了第一期就彻底不想买了。"

"因为这个连载，杂志的整体水平被拉低了好几条街，希望杂志可以立刻换别的作品。"

诸如此类的评论把这个帖子顶到了最热的位置。编辑为了不影响王宇昆后面故事的创作，一直瞒着他负评如潮这件事情，还不断地回复评论帮他解释。

但是王宇昆还是发现了这个帖子的存在，他花一个下午的时间把帖子里所有的质疑声和辱骂声全部回应了一遍，每一条评论都一点点击打着他的那点自信，看到最后，他甚至怀疑自己是否还要继续把这个连载写下去。

他直到现在仍然很感谢那位编辑对自己的支持，如果不是她，他可能真的在连载的前几期就半途而废。王宇昆记得她在QQ上给他说过这样一句话："没有人会因为你的努力而同情你，只有去改变别人所看到的东西，你的努力才会被看见。"

这句话让王宇昆不再试图告诉他们，他为了这个作品付出了多么大的心血，因为读者眼中对作品的评判是建立于作品本身的好坏，并非源于这个作者天花乱坠的说辞。你为了它没日没夜地构思创作，想不出合适的剧情发展会难受失眠，感冒了也拖着疲惫的身子在电脑前奋战……这些就算换回了别人一时的理解和同情，也将会被轻而易举地遗忘。

那些一旦遇到不被人理解的情形，就说"没有功劳也有苦劳"的人，最终都会因为自我催眠而画地为牢地面对失败。

你单纯地认为只要自己努力付出，大家就能够看到；以为坚持奋斗总会有所收获，但是你却不知这是以你已经做得很好、已成为一个发光体作为基础的。对于那些又冷又硬的规则，你根本没有办法讨价还价，不得不在成长的过程中慢慢学着去接受。

我们可能不会再因为一件衣服在别人面前大出洋相，也不会再拼命地回复每一条评论企图证明自己。我们的意识越发清晰，本身无法发光的月亮努力反射光芒的意义，只是不让自己被茫茫的黑暗所吞噬。

看起来异常美丽的夜空就好像一个冰冷而残忍的机器，在广阔的天穹舞台上，只有最闪亮的那颗星能被人看到。夜空当中最闪亮的星十分自豪地为人们指引着前行的方向，等到跟着它们的人一个接着一个到达终点的时候，他们可能也不知道在广袤的天穹中，还有数量惊人的不会发光的星体。

美丽夺目的月亮，或者是被黑夜埋没的星体，还有这人世间的种种，不过都在暗藏着一个相同的道理：

任何人都没有义务去了解我们的不容易，知道我们的艰辛努力，我们唯一能够做的就是，踩着自己已经碎了的自尊心，在大家都不看好的情况下，一步一步地成长为夜空中最为耀眼的发光体。

"退"一步的力量

很多时候，暂时的败，一时的退，短期的弱，对事业和人生来说都不一定是坏事。相反，它会为你的下一次进步积蓄冲击力。为人处世要有退步的气魄，要学会退，以退为进。要学会在适当的时候退一步，纵然有一时的不如意，也终将成为过去。

"退"字蕴含着古人的智慧，只有退避一时，才能让双方的怒火消除，让人冷静处事，做错事的概率也就会降到最低。

明朝安肃有个叫赵豫的人。宣德和正统时期，他曾经任松江知府。在任期间，赵豫对老百姓嘘寒问暖，关怀备至，深得松江老百姓的爱戴。

赵豫有一个非常奇特的处理日常事务的方法，他的下属称之为"明日办"。每次他见到来打官司的，如果不是很紧急的事，他总是慢条斯理地说："各位消消气，明日再来吧。"起先，大家对他的这套工作方法不以为然，觉得这实在是一个懒惰拖拉的知府，甚至还暗地里编了一句"松江知府明日来"的顺口溜来讽刺他，都叫他"明日来"。

赵豫性格稳重，为人宽厚，听到这个绰号，总是淡淡地笑笑，从不责备叫他绰号的人。因为他的态度和蔼，对下属从没有声色俱厉过，所以，那些下属有什么话都敢跟这位知府老爷说。

一天，一个下属问他："大人，你为什么要这样做？这样做太伤害你的名誉了。"赵豫于是解释了"明日再来"的好处："有很多人来官府打官司，是乘着一时的激愤情绪，但经过一夜思考后，气也就消了。气消而官司平息，这就少了很多恩恩怨怨。"

赵豫此招甚妙，虽然给自己戴上了"懒惰拖拉"的帽子，人们的情绪却能够冷却下来，官司因此而平息，百姓因此而和睦，由此我们可以说："委曲可以求全。"退后一步，对事情进行"冷处理"，有助于缓和情绪，让问题得到更好的解决。赵豫的"明日再来"这种处理一般官司的做法，是合乎人的心理规律的。经过一天的冷却，当事人都不很急躁，才能理智地对待所发生的一切。这种"冷处理"包含为人处世的高度智慧，把它用在生活中，会避免不必要的争执。

正如跳高、跳远，要退到后面很远的地方，起跳时才会有更强的冲击力。生活也是如此，退后一步，就是为了更好地前进。一时的"退"是为了更好地发展。忍下一时的冲动，对人对己都有好处。当不愉快的事情发生后，双方各退一步，就会海阔天空。在生活中，不管你多么有能耐，多么无情，总是有人比你更有能耐，更加无情。拼个鱼死网破，倒不如后退几步，另求他路。

古往今来，偏安一隅者大有人在，曲径通幽，卧薪尝胆，委曲求全，最终成大业者都经历过退步，才能干出轰轰烈烈的壮举。退后一步，即使一时处于劣势，但在心灵上获得了某种轻松、潇洒的感觉，在精神上，做好了向前冲的准备。

　　"退"并不是说让你饱受屈辱，它的目的是退而求全。有时候，为了实现我们更远大的目标，要学会忍受，因为只有这样才能获得更好的发展。

忍耐让生命更具张力

生命是一张上帝签发的支票，就看你怎样去用。如果你善于忍耐，敢于用暂时的屈服，来处理不利的境遇，那么，你的人生就会更具张力，那么你的这张支票也就实现了价值的最大化。

台湾著名作家柏杨曾经是一个"火暴浪子"，尖锐、激进是他的代名词。1979年，他被捕入狱，5年以后才被放出来。5年的牢狱生活彻底地改变了他，他成了"谦谦君子"，变得理性、温和。就连周围的人都感到惊奇："现在的柏杨很有同情心，也知道替别人留余地，不像从前，总是那么尖锐。"

其实，柏杨不是没有过怨恨、绝望，他后来回忆他的狱中生活时说：他也曾经怨过、恨过。那段日子他经常睡不着觉，半夜醒来时发现自己竟然恨得咬牙切齿，就这样大约持续了一年。后来，他意识到不能这样继续下去，否则，他不是闷死，就是被自己折磨死。

想明白后，他坦然地面对一切，开始大量阅读历史书籍，光是《资治通鉴》前后就读了三遍。这些书籍给了他宝贵的精神食粮，他从这些书籍中领悟到：历史是一条长河，人只不过是其中非常渺小的一滴水。他明白了一个道理：生命的本质原本就是苦多于乐，每个人都在成功、失败、欢乐、忧伤中反反复复，只要心中常常持有爱心、美感与理想，忍耐和挫折反而是使人向上的动力，使人的生命更具张力。

当柏杨忍耐下原本火暴的脾气后，他发现心境变得平和，思路也越来越开阔，后来，他完成了三部史学巨著。

英雄等待出头之日，必须要忍耐。在无尽的忍耐中，让心灵得到磨砺，让生命更有张力。命运让你通过另一种方式来获取幸福人生，你要有悟性，放下悲痛，坦然面对，幸福就从顿悟的瞬间开始。

人的一生不可能一帆风顺，遇到挫折和困难是难免的。当你的人生走到了"山"的顶峰，必然会走下坡路，但如果你能做到坦然面对、心态放平稳，在忍耐中让自己变得更加坚强，让生命更具张力，那么你就有可能会在难言的忍耐之后，获得爆发的机会。

成功往往更愿垂青蓄力已久的人

　　成功对于任何人来说，都不是唾手可得的，这需要完全的付出。当你羡慕别人的成就时，不要忘了他们在成功之前所做的一切准备。当你看见别人头上的光环而自己却屡屡失败时，也不要忽略——成功永远青睐有准备的人。

　　当你身处困境时，只有默默准备，积聚力量才能转危为安。许多年轻人急于表现，想快速成功，以为抢到别人前头就胜利了，为此，很多人不择手段，即使自己的行为伤害了很多人也在所不惜。社会对"争先"观念的重视，使得人人感到自己在孤军作战，而周围都是敌人。大家一次又一次、一波又一波盲目地争抢。殊不知，默默准备，积聚力量才是脱颖而出的最好办法之一。

　　大学毕业后，郭燕就背井离乡去了深圳，顺利进入了一家大型跨国公司。从踏入公司的那一刻起，她就暗暗发誓要让自己成为公司里不可或缺的人才，所以她有无穷的动力去学习和工作。

　　郭燕是负责档案管理的，资源管理专业出身的她很快就在工作中发现了档案存放方面存在的弊端。于是她开始连夜查阅大量资料，并运用所学理论知识写出了一份系统的解决方案，发到了经理的邮箱中。

第二周经理就邀请郭燕到办公室，并给予了鼓励和支持。

郭燕得到了肯定，更加勤奋地工作。这时公司要竞标一个霓虹灯方案，同事们为了这事忙得人仰马翻。郭燕却在了解了整体环境和构思后，有了自己的想法。于是她白天认真工作，晚上开夜车赶出了一份自己的标书。郭燕去交方案时，经理不解，她解释说，这是不同的！

竞标当天，各种方案被否决好几份，公司高层终于开始紧张，决定试试郭燕的方案。结果这一试就让郭燕为公司立下了汗马功劳。

第二天，消息传遍了整个公司，大家都知道了人事资料管理科有个叫郭燕的人不但工作很出色，而且能够为公司的发展真正地出力。

一个月之后，公司人事大调整，原来的部门经理调去别的部门，新来的行政任命文件上赫然印着郭燕的名字。在同事们羡慕的眼光里，郭燕收拾好自己的东西，迈着自信的脚步走进了那间豪华的办公室。

一向沉静内敛、默默做事的郭燕，最终征服了公司的高层领导。"沉静内敛，积聚力量"是一种低调的性格和气质，郭燕的默默努力不仅减少了与他人尖锐的对立，也发挥了神奇的力量，收到了意想不到的效果。

那些在默默准备的人往往有一种更深层次的思考与认知能力，那是对自己内在生命的一种省察和对外界人与事物的一种敏锐的感应，以及

"一目了然""旁观者清"的洞察力。许多"不鸣则已，一鸣惊人"的人，其实是经过了默默准备、千锤百炼后才被人发现的。

生活中，很多年轻人过于浮躁，受不得累，吃不了苦，耐不住寂寞，埋怨工资低，羡慕别人功成名就……他们总是抱怨自己的上司不赏识自己，怨恨自己"生不逢时"。其实，每一个成功者在成功之前必定做出了不懈的努力，经历过一番磨难与锻炼。如果你也能默默准备，不断地积聚力量，那么，最终迎向你的必然是一路鸟语花香。反之，如果你想不劳而获，少一些磨难、多一些安逸，那上帝很公平，你一生都将平平淡淡，两手空空。

不要从一开始就希望"伯乐"们从人群中发现你这匹"千里马"。看看你前方那些事业有成的人，他们中的哪一个是短时间内就平步青云的？很多时候，我们看到的只是成功者头上耀眼的光环，却忘记了他们身后洒下的一路汗水。这个世界，每个人都有自己的生活和追求，每个人都在拓展更大的发展空间，指望自己一夜暴富、一夜成名是多么的不切实际。

如果你只是一块平淡无奇的石头，就没有权力抱怨不被注意，因为你没有被注意的价值。要想引起注意，要想拥有自己的立场和声音，你就要努力提升你的价值，成为"珍珠"才能引人注目。

可见，一切失败都来自准备不足。所以，不妨从现在开始，着手去提升自己，去做自己应该做的事，并在这过程中得到实践。相信：有志者，事竟成。你的努力，终有一天会得到收获。

思路决定运气，运气决定人生

在电视媒体中，经常播放一些名人通过不懈努力从社会底层一步一步地打拼，最终名利双收的故事。但是，有不少人会觉得：我也非常努力啊，只不过是缺乏他那样的好运罢了。可事实真的是这样吗？

美国新墨西哥州，有一位华裔名叫杨格，他经营着一个很大的苹果园。

在苹果挂果之际，突然下了一场很大的冰雹，将青苹果砸得"遍体鳞伤"，成了卖不出去的"残次品"。

心情烦闷的杨格来到了自己的果园，看着满目疮痍，没办法，这些卖不出去也只能等着果子成熟，明年再来了。

几个月后，他看着果园中伤痕累累的苹果，随手摘下一个，咬了一口，却没想到，被冰雹砸过的苹果竟然变得格外脆甜！

于是，杨格立即找来工人采摘苹果，运送出去，并且在苹果箱上写了一句诱人的广告语，有些人买回家半信半疑地吃了，果然是又脆又甜，很快，绝大部分苹果被抢购一空。

天降冰雹砸坏了果园的苹果，这对于苹果园主杨格来说，无疑是一件天大的坏事，让他损失惨重。然而，聪明的杨格却发现了这些苹果的特点，并加以利用，使得原本滞销的"残次品"热销起来，原本令人烦恼的霉运也消失了，坏事变成了好事。

杨格能为自己创造运气，将坏事变成好事，是因为他明白运气的真相，能够找到问题的关键所在，并制定出积极的应对方案。

然而，在普通人看来，运气是一种非常神秘、可遇而不可求的机遇。的确，一个人能否达成目标，运气是一个很重要的影响因素，有时候，似乎用尽全力，都难以得到命运之神的青睐。

不过，如果你把努力了大半辈子始终无法有所成就的罪责都推给命运，无疑是宣布了对人生的放弃。你其实最应该想想，为什么命运之神总是站在别人那边呢，我该如何让运气站在我这边？

当你掌握了这样的思考方式之后，才能够发现问题真正的关键，找到问题出在哪里，解决了这些，你的人生才有可能出现转机，将坏事变成好事。

保持低调，锋芒毕露要不得

道家学派创始人老子在《道德经》中曾经说过："揣而锐之，不可长保。"这句话的意思是显露锋芒，难以长久。这是在警示后人：倘若一个人经常锋芒毕露，就不会逍遥太久。

当我们听过了许多名人逸事，除了心生仰慕之外，可能还会产生一种"为什么他可以，我却不行"的竞争心理，如果能善加运用，可以让自己更懂得沉潜自适，在日常生活中用心培养自己的才华实力，等待时机，再一展身手。

但这些名人的经历却会对某些人产生很不好的反效果，如果未能体会对方是在特殊的形式下，才能有所作为，不假思索就贸然行事，反而会让人生更加一败涂地。

锋芒背后的血汗经历，才是成就的真相。

例如，有些正承受着课业压力的学生读了乔布斯的经历后，就误认为："想要成功，并不一定要在学校里死记硬背那些生硬的知识！"事实上，乔布斯是把学习的精力放在自己感兴趣的领域，并且不断钻研、精益求精才成功的。

有些人认为旅日棒球好手杨岱钢今天之所以能在日本职业

棒球队火腿队担任广告牌球星的位置，是因为他选择了自己最爱的棒球。于是，自己也决心从办公室里跑出来，从兴趣着手经营事业，却因熬不过创业的艰辛，只好又回到工作岗位重新开始。

事实上，杨岱钢虽然一直以来都在为自己的兴趣而奋斗，但他并没有逃避现实生活的考验。

大家所不知道的是——杨岱钢的父亲是每天几乎都要工作超过12小时的砂石车司机。杨岱钢为了替家里节省开销，从14岁起就靠公费只身一人到日本念高中，每天早上5点起来练球，下课后要面对一堆写不完的功课，还要苦修日语，忍受不同文化的异样眼光，当时他每天都睡不到4个小时。大家只看到杨岱钢旅日球星的耀眼光芒，却没看到他在那些最泥泞的地方留下的最清晰的脚印。

所以，千万不要只注意到名人的"锋芒"与"特殊经历"，却忽视了他们之所以有今天，是为了兴趣一路苦练和坚持至今，才能稍有收获。而有些肤浅的跟风者，却觉得恃才傲物、锋芒毕露才是王道，让人感觉其人华而不实抑或是十分做作。实际上，对于成功者来说，韬光养晦、保持低调才是他们最终能够做成大事的方式，这甚至是身处这个竞争异常激烈的社会中生存下去与取得成功的一个重要前提。

请认真地问一问自己："我在为谁工作？"

也许你会感到十分困惑，我们选择工作的原因，不正是为了生活吗？是的，那么你想过，我们生活是为了什么吗？

这才是问题的根源。你对生活的意义拥有什么样的认知就对生活保持着什么样的态度，寻找生活的意义却是每个人最根本的需求，却被无数人遗忘。

一个人活在这个世界上有最基本的生存需求：需要解决个人的温饱，需要养家糊口，需要与人交流，需要获得发展，只有通过工作获得报酬，这些需求才能成为可能。

但工作能带给我们的，不仅仅是这些。很多事情被我们忽略、不想去面对、拒绝思考。如果只是把工作单纯当成"为了得到薪水不得不做的事"，那么你不快乐不是工作的问题，更不是老板的问题，是你自己的目光短浅。

我们没必要在艰辛的环境中唱高调，工作的目的当然是为了生存，但是还有比生存更可贵的历练——在工作中充分挖掘自己的潜能，用这些智慧和能力去做好自己能做好的所有事情，逐步实现目标，这才是工作的意义。

在实际的工作中，总有些人认为自己是在为别人工作，他们经常会说："我拿多少钱做多少事，对得起自己这份薪水。"

这样的人看似很有责任感，会将自己的事做好做完。但如果他们觉得做的是"额外"的事，就会愤愤不平地埋怨："那又不是我的工作，我为什么要做这些？"不但工作时缺少乐趣，也很难得到老板的认可和赞扬，因为他们的心智还没成熟，完全搞不清楚自己是在为什么而工作。

会逃避工作的人，势必也会逃避自己的人生。因为工作就是人生的缩影，工作上的问题就是人生中会出现的问题，如果不能以小窥大，工作上的障碍不能很好地解决，人生也会原地踏步。

这样一想我就非常理解为什么有的人一直在换工作，并非他们没有遇到适合的工作，而是不管做哪一种工作，他们都不愿意面对自己造成的问题。

在职场中，还有很多员工抱怨公司没有给他们发展的机会。机会只会降临在心智成熟、能够正视工作中每一件小事的人身上。

也许你有一个可以维持自家温饱的工作、一个可以许诺终身的伴侣、一个温暖家庭的支持，因此在拥有这些的基础上嫌弃这个或者嫌弃那个，但是你却忘记了，最开始的时候，这些都是你自己的选择。成年人要懂得为自己的选择负责，所以既然发现了问题，就要从根本上扭转自己的态度。只要用心工作，并在工作中不断提升自己，就会获得机遇，抓住机遇就能走向成功。

倘若你丧失了工作的热情，那么请认真地问一问自己："我在为谁工作？"开始顺着自己成长的轨迹找到最初的自己和正确的方向，找回工作的动力，重新点燃热情，使自己的人生从平庸走向杰出，然后再从杰出走向卓越。

第五章

突破，用非凡的能力证明自己

成功不能复制，找到你自己的路

我们随处都可以看到"羊群效应"的影子。比如，大家都认为到科技产业工作会有比较好的薪资与福利，这就使得很多人都想做一名工程师，但是却没有认真评估在台湾的科技代工环境下，一家公司的盈亏基本上都要依靠外来订单，倘若这一季的订单骤减，僧多粥少的情况必然会导致无薪假，甚至变相裁员。

我们常常会有"模仿成功人士"就能"复制成功模式"的自我安慰心理，因此大街小巷常常流传着这类名人小故事：比尔·盖茨半路弃学经商；李嘉诚白手起家，抓住机遇，迅速致富……这些千篇一律的故事似乎总在重复同一种模式——主角起初一无所有，但经历种种变故与努力后，最终名利双收。

不过，你曾经深入研究过，他们为何能成功吗？

大部分故事中的名人案例，谈到的都是百分百天才加上百分百努力，再加上百分百机遇的历程。问题是这些事情发生在一般人身上的概率微乎其微。

最终，我们会将焦点放到对功成名就的欣赏与羡慕上，然后告诫自己这样的天分和机遇是可遇而不可求的，因此即便在名人故事上受到了极大的激励，但是过一段时间之后，我们又会将那些看起来简单，其实不太可能实现的伟大梦想抛到九霄云外，这是为什么呢？因为你也觉得那样的方式、那样的世界，与你的距离实在太遥远了。

其实，比尔·盖茨并不是来自一个普通的家庭。他的父亲是当地非常有名的律师，母亲不仅是洲际银行的第一位女性主管，而且是联合劝募协会的第一名总裁，所以，盖茨是出生在一个拥有高等教育与深厚经济背景的家庭。

18岁那年，父亲送了一辆保时捷跑车作为盖茨的成年礼，还替他购买了当时非常昂贵的个人电脑，使他有机会成为世界上最早接触到电子科技的第一批年轻人。

最初，他替IBM公司做商务软体，并由此创立了伟大的微软王国。你可能会问：为什么一个年轻人可以轻易地与当时如此知名的公司合作？答案很简单，因为盖茨的母亲玛丽·盖茨和IBM的高阶管理者约翰·埃克斯同为联合劝募协会的董事，某次会面中，两人聊到电脑业的新兴公司，玛丽认为埃克斯低估了这些公司的未来价值，于是向他推荐儿子研发的DOS系统，这就是比尔·盖茨"白手起家"的过程。

在许多名人故事的背后，都有一些关键的情节被忽略了，如果我们只知其一却不知其二，很有可能会掉到美梦的陷阱中，以为自己半路休学，加入科技业就有机会踏上比尔·盖茨、乔布斯的成功之路，但庸才休了学也不一定能得到什么好的发展，不如踏踏实实学好学校里的知识，待自己思想成熟，走入社会寻找属于自己的成功之路。

与其抱着不符合实际的梦想，不如静下心来好好地想一下自己对什么最在行，选择一条最适合自己的路，坚定不移地走下去。

做自己喜欢的事，过自己想要的人生

　　有不少人都希望可以与股神巴菲特一起吃午饭，梦想着自己有一天也能成为像巴菲特那样的投资专家。但是，巴菲特在内布拉斯加大学进行演讲的时候，看着学生们崇拜的眼神，他这样说道："我与你们其实没什么不一样。我情愿吃一个起司汉堡，而不吃一份100美元的大餐。真要说你们和我有什么不同的话，那就是我每天起床后都有机会做我最爱做的事，天天如此。如果你们想从我这里学什么，这就是我对你们的忠告。"

　　人们总会对巴菲特有所误解，认为他是对物质财富充满了渴望，才获得现在的成就。然而，事实并不是这样，巴菲特挣钱的目的并非追求金钱或是物质财富，更不是为了潇洒地花钱。所谓对金钱的追逐，不过是因为他热爱的事业与之紧密相关而产生的假象。巴菲特曾经说过他年轻时参加派对，通常都不在狂欢的人群中，而是待在角落里看其他公司的报表。

　　综观巴菲特的一生，你时刻都能感受到巴菲特对于他事业的执着和热情，现任伯克夏·哈撒韦公司的副董事长查理·芒格曾表示他从未看见巴菲特疲惫的样貌，你不得不承认，这个"赚钱"的兴趣，对于他的投资生涯和资产管理影响甚深。

即使在伯克希尔年会时，巴菲特仍然一而再再而三地强调，年轻人在选择职业方向与规划职业道路时应当多关注一下自己的兴趣爱好。如果你的事业能从兴趣中起步，从此就不再是工作的"奴隶"，而能顺应内心，乐在其中。

不过，每个人都有自己感兴趣的事情，或许还不止一个，可是能够为"某一个兴趣"而付出毕生的努力，不被诱惑和压力所困扰，平和并耐心地一步一步走下去而不在乎成败，这绝对是极难的一件事。但如果你想寻求真正快乐又充实的人生，就顺应内心的选择吧，谁也不知道几十年后，到底会变成什么样子。如同电子竞技，15年前的人们还把电子竞技当成洪水猛兽，"网瘾战争"硝烟四起，如今却已经被正式确立为体育竞技项目，甚至增加了这一学科，正式为电子竞技"平反"。

去做你喜欢的事情吧！而不是去做大家都认为你应该去做的事情，这样，你才能找到自己独一无二的价值。

乔布斯说："被苹果公司开除，是我的幸运。"

我们每个人可能都问过自己这样一个问题："未来我会成为一个怎样的人？"或者在努力打拼的过程中，有过这样的思考："我将来退休之后会过上怎样的生活……"而一个人能不能达成对自己的期望，很多时候都取决于他有着怎样的信念。

不管你处于怎样的境遇中，越是能坚定自己信念的人，就越能积极地应对巨大而艰苦的挑战，最终才能够成就一切。随时做好退场的准备，就不会被突然发生的事情击倒。

乔布斯和伙伴们的创业故事，就和美国硅谷的许多创业奇迹如出一辙，有的人从大学退学，有的人从车库工厂做起，有的人研发技术创新，有的人创造了新的商业模式……这是要在"天时、地利、人和"三者缺一不可的情况下才能造就的一个奇迹。但乔布斯与其他人唯一不同的经历是——他曾经被自己一手创建的公司开除！

乔布斯的才华令无数人钦羡，但若是你面对被自己一手创立的公司视为营运毒瘤而被排挤、开除，是否也能像乔布斯一样拥有如此强烈的信心——被迫离开苹果公司是这辈子最幸运的事情之一。

在绝大多数人的眼中，对一个认为自己无论是思想、才能都是万里挑一的人而言，遭遇如此，多数人都会变得愤世嫉俗，一蹶不振。但乔布斯却认为："我终于可以完全按照自己的想法工作了。"

他曾向媒体揭露自己面临那段低潮时的心境，他不断地告诉自己："不要丧失信心，这是那些年让我继续走下去的唯一理由。"

在乔布斯从苹果离开之后，很快，他就把全部的精力放到了皮克斯动画与next公司的发展中，彻底将自己天马行空的创意变成电脑动画技术，皮克斯动画甚至制作了世界上第一部全部由电脑特效完成的动画电影，就是大家所熟知的《玩具总动员》，而现在这家公司已经是世界闻名的电脑动画制作公司之一。

不过，苹果公司就没这么幸运了。

自从苹果公司失去乔布斯这个独裁的梦想家后，营运逐步开始走下坡，因此董事会不时关注乔布斯的动向，在得知他并未挫败反而东山再起时，面临经营窘境的苹果马上就把乔布斯新创立的next买了下来，而next的老板——乔布斯也就理所当然地重新回到了苹果公司，董事会从此更加注重他的价值与贡献。

这个决定果然证明苹果公司无法失去乔布斯这剂猛药，因为他创造了iPad和iPhone系列产品，改变了全世界的电子消费习惯，让苹果公司的市场占有率回到巅峰。

回顾乔布斯的一生，我们能看出——他的才华与能力给了他一个相较于普通人更容易登上成功的台阶，然而真正令乔布斯实现人生目标的却是他在遭遇挫折之后仍然没有忘记的信念，以及在面对逆境时永远积极的心态。

最好的投资，是投资自己

中国著名的文学家鲁迅先生曾经说过这样一句话："世上本没有路，走的人多了，也便成了路。"

在成长过程中，我们往往会想着寻找一条有例可循的道路，却没有认真地思考"路都是人走出来的"，倘若你想选择一条较为安稳的道路，就一定要做好心理准备，因为这条路上肯定会人才济济。

若倒退时光20年，当时的电脑并不普及，而且非常昂贵、笨重，若没有人率先对这方面产业投入资金使其慢慢进化，今日我们就无法拥有如此便利的生活，甚至很难想象，如果回到了没有网络、没有电脑的年代，我们该如何工作和生活？而那些原本看似只能寄托梦想的电脑研发工作，也成为了今日世界上最赚钱的产业。

无论是未来的10年、20年或更久的未来，必定会出现更多超越当代的新兴产业，当然，这也意味着有些过时的产业将大幅衰退，除非能经过阵痛期，彻底转型成功。所以，你不必跟风追逐，赚不赚钱看的不是你选择的行业，而是你的产品能不能获得大家的认可。

你会把存款拿去买房，还是投资自己？

我们相信，一辈子努力工作最终能拥有一间属于自己的房子，是许多人心中的美梦。因为一套理想的房子，就是我们心中最温暖的家，当心有了归属感，也会更有底气去追求人生中更高的目标。

但高通胀、高房价的时代，却让这个梦想离我们越来越遥远，就算你存够了一笔首付款，还必须确认未来几十年如果认真工作、不失业的话，房贷才能无虞。你会像多数人一样去把辛辛苦苦存一辈子的钱拿去买一间房子，还是把这笔资金投资在高风险的创业上？

接下来的故事，可以提供你另一个思考方向，重新检视自己人生的选项。

有个年轻人21岁从哥伦比亚大学金融系毕业后，就一直想留在纽约工作，无奈处处碰壁找不到工作。于是，他沮丧地回到老家继续寻找工作机会，最后却只找到一家证券公司当薪资福利都很差的股票业务员。

一年以后，他遇到和自己同样热爱爵士乐的女孩苏珊，并对她一见钟情，便开始勇敢地追求她，最后两人也顺利步入婚姻的殿堂，不过此时的他仍然是个收入不太稳定的股票业务员。

结婚后，这位年轻人非常卖力地拉业务，终于存了1万美元，此时，他询问新婚的妻子："亲爱的，现在你面前有两个选择，一是把这1万美元拿去付一间我们负担得起的房子首付款，二是让我拿去投资，再过几年，我们就能买间更好更大的房子。"

苏珊不假思索地回答："选第二个，我相信你。"

过了一年，苏珊生了个女儿，他们一家仍挤在租来的小房子里，晚上还能听到老鼠啃天花板的声音，年轻人仍认真地埋首于工作。

4年后，他的事业逐渐有了起色，后来还和朋友一起成立了一家投资公司。

到结婚第6年的时候，他的新公司站稳收益，因此，他实现了对太太的承诺，花了大概20万美元在故乡置产，买了间荷兰式小别墅，虽然不是一般人梦想中的豪宅，但他们很知足。

到了年轻人32岁的时候，他终于赚到了人生中的第一个100万美元。虽然他的合伙人和朋友们都陆续买了几间豪宅置产，但是他并没有打算买新房子，他用这笔钱持续进行投资，扩大自己的事业版图。

又过了两年，他的个人资产已高达2200万美元。

即使如此，他依旧过着俭朴的生活，始终如一地把工作当成自己的兴趣，直到2008年，他已经成为这个世界上最富有的人。

他就是股神巴菲特。

当你看到这个故事，你还会把买房子当成人生的第一目标吗？身为父母，还会坚持要把拥有稳定收入的男人看成嫁女儿的先决条件吗？

其实，巴菲特的妻子苏珊才是真正的股神，她让巴菲特做了一生当中最为重要的一次投资，那便是投资自己。

如果苏珊一开始就选择买一栋属于自己的房子，可能巴菲特到现在还只是一个很普通的业务员。况且，即使是股神这样投资天赋异禀的人，也需要十年的发展，才能取得耀眼的成就，更何况是我们普通人呢？

或许你没有一笔充裕的资金，但你至少和巴菲特同样拥有一项值得投资的兴趣或天赋，与其心猿意马地把工作所得花费在一时的欲望——买衣服、吃大餐、买电子产品，不如投资在自己的理想领域中。聚沙成塔，就算每个月拨定额的款项到你的梦想账户中，日积月累也是一笔可供运用的财富。

你也可以每个月拨部分薪资到"学习账户"中，想想要达到你的目标，还有哪些不足之处需要补充，无论是用于提升语文能力、电脑技能，还是各种五花八门的专业课程，只要你有心投入，"把兴趣变成工作"并非痴人说梦，而是未来圆梦的关键。

巴菲特曾经告诉我们："如果你想永远立于不败之地，最好的选择就是投资自己。"你不用盲目地追求、寻找与别人一样的人生，只要你找出自己存在的生命价值，你完全可以另外开辟一条新路，对自己进行投资，这样，你的未来就掌握在自己的手中。

打破旧模式，培养"新惯性"

贝尔纳，英国著名的科学天才，曾经说过这样一句话："构成我们学习最大障碍的是已知的东西，而不是未知的东西。"

在成长的过程中，我们会慢慢地形成一套属于自己思考逻辑和行事的风格。倘若曾经遇到过相同的经验，下次再遇到与之相似的事件时，我们就会毫不犹豫地从上次成功或者失败的经验中取经，然后本能地用相同的模式去解决不同的问题。

例如，一个初尝恋爱滋味的女孩，若是后来发现长相俊美的男友劈腿，就会在心中留下长相好看的男人都不值得信任和托付的印象。面对未来的缘分，心理上会自然排斥那些外表好看的男人，甚至会极端地想：只有长相普通或者丑一点的男人比较可信，交往起来也有安全感。结果，因为当初年幼无知不懂得为事情的失败总结教训——其实两人间的感情早在男方劈腿前就出了问题。女孩反而因为过往"受伤的记忆"对现在的男友很放心，却未理智地检讨自己在感情中的错误，这样就算最后男方没有劈腿，两个人也未必能幸福圆满。

经验的累积，会帮助一个人走向成熟，但过度依赖经验，反而会让人生在既有的认知中绕圈，导致想法僵化，频频碰壁，自然难以让自己更进一步。

以前，新西兰的农场常常被牛群任意践踏，使得作物生长得乱七八糟，最终的收成很不好。

有一位农场主为了防止附近的牛群对自己的农田与庄稼进行破坏，就用电网围住了整个农场，结果立即收到了很好的成效，自从有了电网，牛群都不敢再靠近了，再也没有出现过牛群糟蹋农作物的现象。

即使附近的农场主人都很赞赏他的做法，却因为电费高昂而无法长久效仿。于是纷纷向那位农场主人求教，该如何运用电网才最能产生效益，又不会亏损。

农场主人笑着回答："其实我只让电网通了几天电，就把电源关了，即使电网早就不通电了，牛群也不敢再靠近。"

就如同被自己经验所束缚的牛群一样，人类有时候也会受限于过去的经验而止步不前。比如，人们在去上班的时候往往会选择走一条固定不变的路线或者搭乘固定不变的公交车。道理十分简单，因为人们对于经验很信任，不愿意做出改变，害怕做出改变之后会带来麻烦。但非常遗憾的是，人们的这种习惯其实并不是最好的选择。

在职场中，不少人在跳槽或者换了工作之后总是感觉很难适应，就因为他们总是在新公司套用以前公司的待人处世方式，结果就会反复碰壁。实际上，不是你如今所在的公司环境存在问题，而是你不能够将旧的思维与行事方式进行改变。

风险意识的弱化是影响创造性思维的关键因素。因为我们做事情的时候，这件事越是具有创造性，就越需要承担更大的风险。所以，在尝试新事物、使用新方法的时候，关键在于要有足够的勇气承担更大的风险。

但是，有一点我们不能忽视，那就是在不少特定的时期，倘若不能将这种思维定式打破，反而会对我们造成不良影响，使我们陷入比较危险的处境中，掉入自以为是的深渊，其最终结果只能以失败告终。

所以，我们一定要学会应变，懂得冒险，掌握突破既定思维的正确方式，这样一来，你的天赋才能够让你在更加广阔的天空中自由地翱翔。

别让惯性思维骗了你

在不少电子商品上，都有一种特殊的功能，就是"还原"。当我们运行了一段时间之后，如果想要还原成"出厂设定"的模式，只需启动这项功能就可以了，电子产品便会回归到没有一丝一毫历史记录的状态，可以根据我们自己的喜好重新进行设定。

我们的思维也需要这样一项功能，让自己打破惯性，随时重新出发。不过你需要以下步骤才能确保心智进入重新设定的状态。

1.安全感算什么，战胜它就有了

要让身心保持最佳状态，以便自己做出最合适的决定。一个人之所以依赖旧的经验与习惯，大多是来自害怕冒险带来的不安全感。问题是，如果你想寻求开拓的人生，就必须跳脱"意识的限制"。

我们大多数人遇到的情况是：自己心里很想突破，但是思考逻辑却告诉我们这个不行，那个不会成功。这就像骑自行车一样，如果你一直在屋内骑，的确比较安全。但是怎么骑也不可能看到真实的风景，经历自然风的吹拂；只有到屋外去骑，打破房屋的限制，才能体会到户外骑车的酣畅。

所以，真正有所成就的人，往往不是因为他智力超群，而是他的心智能够跳脱常规逻辑，开创出不同寻常的别样精彩。

只要问问自己：最坏的情况会如何？以此作为自己思考的疆界，在这个结果内的各种情况皆在可承受的范围之内，那你就还大有可为！

2.人、事、时、地、物如有相异，经验就只能作为参考

要细心观察，当你又想凭着经验行事，或是说教他人时，要先想一想：到底现在这个时空背景、当事人、情节轻重、相关重要环节，是否有任意一处与之前的状况相似或相异？

事实上，每个事件中我们都能至少找出一个相异之处，如果单凭经验骤然下判断，去告诉自己或他人：这件事应该或必须如何处置，或是关于谁的是非对错。看似有例可循，实则不合逻辑，不要被老旧的想法蒙蔽了。

因为唯有站稳"每件事都是客观事件""每个人都是独一无二的个体"的立场，才不会发生单凭经验、主观感受去判断，从而导致决策错误的结果，反而能用"现在"甚至"未来"的就事论事观点，找出真正受用于自己的解决之道。

3.跨进新领域，运用艺术赋予更奇妙的想象力

如果你仔细观察就会发现，在某些领域特别杰出的人物，对某些艺术都有特别爱好。借着对艺术的鉴赏力，往往可以令他们在最平凡无奇的工作中，看到别样的光芒，或是总有能让他们灵光一闪的绝妙创意，这种超脱世俗的能力与落实的执行力，就是他们能出类拔萃的原因。

究其原因，一般人都会本能地依赖左脑的理性思考，却不常运用右脑的图像、直觉探索的能力。

为了跳脱思考框架，你可以试着接触艺术领域来锻炼自己的右脑。

不必花大钱去专门学习才艺，只要每天留30分钟给自己培养艺术与想象力，无论是听音乐，还是欣赏画作、阅读小说、看电影……用艺术培养想象力，视野将会大不相同，也能逐渐从既有的现实框架中找出"平常想破头也想不到的"突破点，并从想象力中唤回遗失已久的初衷。如此在左右脑并用的情况下，就能把不可能的梦想化为有计划的蓝图。

《三国演义》中，诸葛亮的"空城计"之所以能成功逼退司马懿，原因就在于诸葛亮看破了在司马懿的思维中，他早已将自己定性成做事谨慎、不可能冒险的性格。

惯性思维的主要原因在于你自己。只要能够将所有对你有用的方式吸收，并能用新的视角看待每一件事，灵活地接纳任何一种变化，你就会看到完全不同以往的别样视野。

别让你的钱在银行里睡着了

犹太人中流传着一个非常有意思的故事，这个故事最有价值的地方就在于它提醒了我们一件在本能上已经知道的事：当我们对所做的事情怀有激情时，成功自然会随之而来！

在古巴比伦城中，住着一个犹太富翁，他的名字叫作亚凯德，因为钱多而闻名遐迩。不过，他之所以能成为一位家喻户晓的名人还有另外一个很重要的原因，那就是他喜欢做好事，乐意帮助别人。他对待家人、朋友都很宽容，对慈善事业也十分热衷。

他的一些老朋友经常来拜访他，他们总是说："亚凯德，与我们相比，你可是幸运多了！我们只能勉勉强强维持生计，你已经成为巴比伦的首富了，你可以穿最好的衣服，吃最好的食物。倘若我们能让家人穿好一点的衣服，吃到美味的食物，我们也就心满意足了。

"可是，在幼年时，我们都是一样的，我们一起跟着老师学习，玩同样的游戏，那个时候，不管在读书方面，还是在游戏方面，你与我们大家都是一样，没有任何不同。但是，如今，你已经拥有无数黄金，而我们却整天为了能让自己的家人吃饱穿暖而到处奔走。”

老友继续说：“我们发现，与我们相比，你所做的工作并不是特别辛苦，你对工作的热情也不见得能够超过我们。那为何幸运女神偏偏让你享受荣华富贵，而不让我们享受一丝一毫的福气呢？”

亚凯德这样对他们进行规劝：“你们都忘了：虽然财富仿佛一棵高大的树，但它也是从一粒小种子成长而来的。金钱就相当于小小的种子，你越是辛勤地栽培，它就能迅速生长。”

钱是能够生钱的，你唯有懂得并且掌握了金钱的马太效应，然后大胆地进行投资，最终才有可能成为一个富裕的人。

如果仔细观察，我们会发现，一般来说，贫穷的人总是将富人致富的原因归结为运气好或者从事不正当、违法的行业，或者归于富人比别人努力，或者他们克勤克俭。

但这些穷人想不到的是，不懂投资才是导致他们贫穷的最主要原因。大部分富人的财产均是以不动产与股票的方式进行存放的，而大部分穷人的财产却是以存入银行的方式进行储存的，在他们看来，只有银行才是最保险的。你的收入取决于你的投资方式。弄清楚这点之后，我们应当及早投资，尽可能地找到适合自己的摇钱树。在你最早反应过来需要投资的时候，就将一粒种子种下，它就会随着你一起逐渐成长，理财就是这样的过程。

当然了，有的人也会担忧将资金投出去以后，不能保住本钱。于是，这些人就会选择把自己的钱存在银行里。然而，他们这样只是最笨的方法，一分一分地从我们的吃穿用度里攒钱，与钱生钱比起来，哪个赚钱更快一目了然。

打破思维定式,活出真正自我

想在这个时代谋得一份很好的工作,创新就必不可少。而在进行艰苦创新的时候,有一个必不可少的环节,就是将常规思维的惯性打破。有的时候,你只需要改变一下问题的设想,将思考的角度调整好,自然就会得到解决问题的良好思路。

什么是思维定式?所谓思维定式,实际上就是常规思维的惯性。这种思维状态,每个人身上都会有。当它在生活中起到支配作用时,还会有某种"习惯成自然"的下意识反应。因此,在某种程度上,它也有益于人的思维。然而,在创新的过程中,倘若依旧受到它的约束,就会对创造力造成极大的阻碍。

老观念并不意味着一定是正确的,而新想法也并不意味着就一定是错误的,只要能够摆脱思维定式的牢笼,你也会收获成功的喜悦。

专家表示,若想顺利逃脱思维定式,需要三个步骤,也就是发现、确认与改正。

1.发现思维定式

或许,需要很长时间你才能发现自己已经陷入了思维定式的怪圈。当你在创作的时候,可能每天都不断地念叨着正在写的小说。但直到一年之后，你才发现其中居然有一半不知道写了些什么。

所以，一定要养成一个习惯，经常对自己所做的工作进行回顾，搞清楚自己做了些什么以及自己即将做什么，并且以此来确定你依旧顺着正确的方向行进，没有走上错误的道路。

2.确认你正陷入思维定式中

对于很多人来说，这一点做起来比较困难，因为这需要你承认自己犯错了，而绝大多数的人都不愿意这么做。认真想一下，你最近一次思考某个问题时费尽心思的情景吧。没有完美的人，也没有发现不了自己错误的人，只有发现了却不愿面对、不愿改变的人。但时刻反思自己，很容易就能确定现在的状态是已经陷入了思维定式还是已经跳脱出来。

3.摆脱思维定式

美国有一个著名的学者，曾经这样说过：一个上完大学的普通学生，将经受的测试、测验与考试高达2600次。于是，在他的思想中，寻找"标准答案"的想法就变得非常牢固，不容易动摇。对于有些数学问题来说，这可能很不错，因为那里的确存在一个正确的答案。

生活不会永远一成不变，而是模棱两可的，很多事情并没有正确答案。倘若你觉得只存在一个正确答案，那么当你寻得某一个正确答案的时候，就会停下继续寻找的脚步。倘若一个人在上学期间自始至终都受到这样"唯一标准答案"的教育，那么在他走出校门进入社会工作之后，当有人对他提出"请你研发出一种新产品"或"请你努力地去开拓新市场"时，他应当怎样应对呢？对于他来说，这突然出现的"发挥创造力，创造新东西"，在学校里根本没有学过，他又怎么能知道怎么去做呢？于是，他瞪着眼睛干着急，面红耳赤地手足无措。

　　具有良好创造力的人都知道，若想培养自己的创造力，一开始时就必须发现众多可能性。但不是哪一种可能性都能成功。有些习惯与行为对于创造力的发挥有着极大的促进作用，而有些习惯与行为则会破坏你的灵感，毁灭创造性。寻求多种可能性，会对培养创造力产生积极的推动作用。

第六章

成长，距离成功最近的机会

吸收前人的智慧，为自己的梦想奠基

著名的散文家、哲学家培根先生曾经说过这样一句话："凡有所学，皆成性格。"阅读能够丰富我们的心灵，扩大我们的视野，凡是我们人生从未经历过的体验，皆可以从书中获得，想要习得前人的经验，最方便的方式就是阅读，读自己现阶段最需要的书，让知识带我们跨越人生的界线。

李嘉诚是一个非常喜欢读书的人，不管在什么情况下都不会忘了读书。12岁的时候，李嘉诚来到了香港，也就是在这个时候就担负起了赚钱养家的责任。他是一个极具上进心的人，在工作之余，同事们都会聚在一起打打麻将，放松一下，而他却会捧着书苦读，日日如此。

现在，李嘉诚已经80多岁了，依旧酷爱读书。他最喜欢读的就是经济、科技、历史遗迹、哲学方面的书籍，每天晚上睡觉之前都要看一会儿。

如今，资讯科技正在蓬勃发展，他也跟上时代开始阅读最前沿的书籍和杂志。他对自己读书的态度是这样形容的：自己并非在读学问，而是拼命地抢学问。

李嘉诚很少看小说与娱乐新闻，也很少睡午觉，他用挤出来的时间阅读最新的知识。他不仅紧紧地跟着社会的发展步伐，甚至还要比社会跑得更快一些。从他跳出塑胶花厂到发展房地产，再到搞电讯、港口、网络、投资国外等生意中都可以看出来他的远见和卓识。

与别的早期自内地来到香港的企业家相比，李嘉诚因为苦读英语而变得有所不同。早在李嘉诚创办塑料厂的时候，就已经订阅了与塑料有关的一些英文杂志，以此来对世界最新的塑料行业动态进行了解。因为自己懂英文，所以，李嘉诚可以直接飞往欧美，参加各种类型的展销会，面对面地与对方谈生意，这使他能够与一些外籍投资顾问打交道。后来，李嘉诚还出资收购了"和记黄埔"，摇身一变就成了洋人的老板。

李嘉诚每天工作十多个小时，那他是如何学习英文的呢？原来，在早年的时候，他特意聘请了一个私人教师，在早晨七点半来为自己上课。他上完英文课之后，又一刻不停地赶去上班，每天都是这样。

我们每个人都在为自己的梦想而努力，为自己的成功而拼搏。但是，在追梦的道路上，你若不会继续完善自己，吸收知识，那很快就会被快速发展的时代淘汰。在追求成功的路上，人们都来去匆匆，有不少人就是在不自觉的自满中被其他人超越的。

我们不仅在求学的时候需要阅读，进入职场工作之后更需要阅读。在工作顺利时，我们需要阅读；在工作不顺时，我们更应该通过阅读找到解决问题的办法，克服生命中的挑战。

如果你因工作受挫而无精打采，正好静下心来好好地阅读，用书中的见解调整自己的思绪，为自己接下来的人生打气。

当我们的人生遇到阻碍与困难的时候，不妨静下心来读一本好书，它会给你启发，赋予你智慧，从而帮助你以最快的速度找到正确的破解之道。

在追求知识的过程中与人交流

阅读可以帮助我们拓宽视野，走进另一个世界。当你选择一本想要阅读的书籍时，就先暂时放下那些关于工作的、必须要做的事情，清空自己的大脑，将所有的精力都集中到这本书上，任由自己的心情跟着书中文字尽情地进行发泄。等到你可以静下心的时候，再有意识地放慢阅读的速度，进行深度的阅读。

对于我们每天忙碌的生活，阅读其实是很好的调剂，毕竟工作了一整天，难免感到身心疲惫，这时翻看身边的书，转移一下自己的注意力，就会在无形中释放了疲惫，书中的金玉良言也可助你增长见闻，似乎人生中的问题也不那么严重了，我们总是可以从书中找到自己最需要的那句话，来解开我们不懂的谜题。

阅读是学无止境的，正如美国管理大师彼得·圣吉所言："一个人现有的知识，如果每年不能至少更新百分之七的话，他就无法适应社会出现的新变化。"也就是说，不懂得阅读的人，会跟不上时代的步伐。

如果你觉得自己常常受限于经验，或是在需要方法时，却总是黔驴技穷，或许你该问问自己：我有多久未曾阅读过一本好书？

学历可以证明你过去曾经读过哪些书，却不能够说明你现在不需要读书。进入社会之后，甚至有人认为："文凭只能帮你三个月。"

想不被这个社会淘汰，就要在日常生活中培养阅读的习惯，可以帮你淘汰那些不适用的经验，用新的知识活化你的视野，抬高你的见识，才能站在更高的地方看见新的世界，甚至窥见未来。比别人优先思考一步，你就越能领先别人一步。

据说美国总统奥巴马每天平均会收到四万封来自社会大众的书信，他会请助理从中精选十封认真拜读，以便能够更加清楚民众们最需要的诉求，了解他们现下的问题，立即思考、反应化解之道，这是领军人物的一种很好的阅读方式。

阅读是一种与自我对话的过程，它可以跳过防卫森严的自尊，直接与深层的意识沟通，这就是为何你总可以从书中找到自己最迫切需要的精华。

因为在阅读的过程中，你的眼睛会代替你的心，直接替心里的疑惑找寻正确答案，所以可以在一瞬间将原有的意念扭转，将你封闭的心灵打开，从而使你的人生豁然开朗。

他蹲下来，明白了一切

我们应该怎样做才能突破自己现在的思维方式，并将现在生活的限制打破呢？其实有很多种做法可以供我们选择，但是，其中最为简单的一种做法就是"换位思考"。

有这样一个故事：

在国庆节的假期里，一位教授接待了10多位学生。教授和他的学生关系很好，在一块儿坦诚相待，不需要说客套话、好听话，气氛自由、开放，让人身心舒畅。这些学生中还有人带来了自己的孩子。

吃过饭之后，大家都围坐在一块儿，闲谈着。慢慢地，大家的谈话中心从孩子转到了一些比较严肃的话题上，比如，教育、社会等。

有一个年龄只有11岁的小男孩加入了大人谈话的阵营。大人都坐在椅子上，而这个小男孩因为没有座位而坐在地毯上，靠在自己妈妈的腿上。那个时候，教授的脑海中曾经闪过一个念头："我应当坐在地上，与他做伴。"然而，这个念头刚冒出来一瞬间就消失了，教授并没有采取实际行动。

忽然，小男孩十分严肃地询问道："我能否打断一下你们的谈话，因为我也想说一句话。"大家回答："当然可以啦。"令教授没想到的是，那个小男孩的话居然深深地震撼了自己："你们知道为什么在人多的场合婴儿会哭闹吗？"大家都给出了自己的猜测，有人说，因为环境过于吵闹；有人说，因为婴儿想要引起别人的注意……小男孩继续说道："有一个心理学家为了找到正确的答案，就自己坐下来从婴儿的角度来观看这个世界。结果，他发现，婴儿只能看见人们的腿。"

这个时候，大家都无声地看了看那个小男孩，接着，你看看我，我看看你，不知道该说些什么。对于小男孩的勇气与其所说的话，教授是十分赞赏的，与此同时也意识到自己"高高在上"的行为实在是不妥。于是，教授从座位上站起来，然后在小男孩的旁边坐了下来，这不但从口头上给予了小男孩肯定，而且也用自己的实际行动表示："我认同你所说的话了。"

接着，教授开始与小男孩进行交谈，尤其是谈到对于"恋爱"的看法，年仅11岁的小孩的言论令教授相当惊讶：这孩子太成熟了。最后，小男孩与教授谈得非常高兴，年龄的差距使得两人看待事情的角度完全不同，却又惺惺相惜，能够平等交流并分享各自的经验。

如果对对方的立场、感受以及想法不了解，那么我们就没办法好好地思考和回应，此时换位思考就显得尤为重要。

每个人都有自己的思维方式和惯性的思考位置，如果我们能试着多套用几种思维模式、多换位思考几次，针对同样的问题，就不会只有单一的见解，你可以再依情势挑出最有利的答案。

　　例如，面对工作上的困难时，你可以如此换位思考："倘若我就是老板，我会如何去做？"或是："倘若我就是主管，会希望身为职员的自己采取怎样的行动？"

　　套用别人的思维方式，转换为别人的角度去思考，往往可以让你窥见那个过去不了解的世界，反而突破了原本单一的解决方式，使解决方式更多元，问题就能得到更多的解决方法。

　　学会换位思考，你就会像毛毛虫变成蝴蝶的过程一样，依靠自己的力量褪去没有用的蛹，摇身一变，成就更加美丽缤纷的人生。

不会有人与你的想法完全一样

所谓"投射效应"，指的就是人们十分容易以己度人，总是觉得自己具备某些特性，其他人肯定也会具有与自己一样的特性，常常将自己的感情、意识以及特性投射到别人的身上，并且强行加在别人身上的一种认知障碍。

在与他人交往的过程中，人们经常会假设别人与自己具备一样的属性、爱好或者倾向，或者经常理所当然地认为别人就应该对自己心中的想法一清二楚。

如果你能善用投射效应，就可以找到人生中多数问题的根源。

一些心理学家曾经做过一个关于投射效应的实验。他们征求了80位参加实验的大学生意愿，询问他们愿不愿意在校园里背着一块宣传广告走动，帮忙宣传活动。

结果显示，有48名大学生表示愿意，并且还表示大多数的学生都会愿意帮忙进行宣传的，而表示拒绝的学生则普遍觉得，只有一小部分的学生才会乐意那样做。由此可以看出，这些学生都将自己的态度投射到了别人的身上。

在日常生活中，"以小人之心度君子之腹"就属于一种非常典型的投射效应。当别人的行为与我们不一样的时候，我们会习惯性地用自己的标准对别人的行为进行衡量，判断别人的行为是否正常。比如，嫉妒心强的人经常认为别人做事情的动机是嫉妒，比如别人的做法稍微不合他的心意，他就会认为对方是因为嫉妒才这样做的。

在职场中，也有不少人觉得自己被人利用，无法展现自己的才能。事实上，是他们自己贬低了这份工作，低水平的表现当然不可能获得展现的机会。这种思考反而意味着有这种想法的人有了过度防卫的心理。

随着职场的竞争一天比一天激烈，人们整天提心吊胆，非常警觉地查看着周围人的脸色，以便能更好地保全自我。这样紧张的状态，让人们面对外界时就变成了刺猬一样，却总觉得别人不够诚意、防着自己，用这种猜疑之心面对人群、职场，自然容易让人劳心伤神。

所以，当你察觉到自己对别人有敌意时，要学会提醒自己：其实我看到的是自己的阴暗面浮现眼前，因此感到恐惧和厌恶。要借此帮助自己看到真正的问题，而不是把问题都推到别人身上，才能化解彼此关系中的矛盾。

比如，有些时候，因为害怕自己会变成"炮灰"，人们很喜欢将自己的价值夸大，坚持己见，并在此过程中，将其他人反对的声音与不一样的意见，看作是对自己的排斥、否定或者压制。这个时候，人们的内心就会升起很强的恐慌，为了保护自己会表现出毫无理由的固执。这就是投射效应所反映的最典型的心理状态——把自己的想法强行加在别人的身上。

其实，人与人之间意见不同是常有的事，但如果其中一方将意见的分歧理解成对自己的否定，过度防卫就会造成无谓的争执，结果你以为坚持己见是保全了自尊，实则在态度或言语上伤了别人的心，更伤了别人对你的信任。

不怕你不善交际，只怕你连分内之事都做不好

在职场上，有些人总是习惯性地迎合上司。在他们看来，公司中的人际关系就等于权利关系。与他们的利益有紧密联系的人，他们会赞美、迎合、阿谀奉承。而对他们不存在利益关系的人，他们就冷漠、傲慢以待了，并且还非常喜欢在别人面前炫耀自己，压制别人。

其实，并非一味重视人际关系的人才能成为职场上的宠儿。如果你性格内向，不善交际，也能够稳扎稳打走出自己的路，而且方法很简单，就是——做好自己分内的事情，遇到问题不逃避，不推卸，勇于承担自己的责任。

小勇在一家德国公司任职，刚进公司时，他就常听别人抱怨德国人的文化很偏重阶级，他的上司很难亲近，这家公司中的中国人也难以真正受到重用。

但小勇并没有把闲言碎语放在心上，从走进公司的那一刻起，他就一直努力做好自己的本分，那些阶级斗争、谁排挤谁的事他一点兴趣都没有。

某天，小勇高升为销售总监，邀了他的同窗好友小建一同去庆功。用餐时，小建开玩笑地问："听说你们德国体制的公

司里，中国人都不受重用，你怎么升上去的？"

小勇笑了笑说："其实公司的情况并没有那些人说的那么糟糕。与公司的主管搞好关系固然很重要，但是做好自己的工作更重要。一开始我只是想实现自己的价值，锻炼自己的工作能力，多为公司创造一些利润，多拿一些业绩奖金，真没想到自己会被任命。"

短短的几句话，却点出了许多人在工作上的问题——我们总是把焦点放在那些对自己没那么大影响力的层面上，例如，年终奖的多少、同事好不好相处、老板难不难搞……却没想到，你自己的本分做好了吗？如果现在自己的本分都没有做好，哪有时间心力想那么多呢？

而且，很多事情只要做好应尽的义务，自然就会收到实效，就算与预期不符，无形中的成长与历练也是无价的收获，何必成天在"别人分内"的事情上斤斤计较呢？

有人曾问一位成功的管理者："你能够在公司的管理职位上稳如泰山的秘诀是什么？"

他轻松地回答："因为我在特定的一段时间内会集中全部精力，踏踏实实地做好自己本分的事，简单地说就是在其位，谋其政，做好自己该做的就对了，其他的事不用想那么多。"

职场与人生的道理也是一脉相通的，如果你连自己该做的事情都做不好，还爱胡思乱想，导致自己过度忧虑，反而混淆了人生应走的方向，最后只能随波逐流。就像那些在职场中最后选择人云亦云的人一样，连自己的本分都做不好，还怪公司不重用。

时刻提醒自己，不管公司的环境怎样，不管人生的境遇怎样，我们都要先将自己"分内"的事情做好，不需要模仿别人，也不需要跟风随俗。当你将这一关的任务完成之后，你自然而然地就会顺利晋级，你的人生唯有自己能去争取，千万不要让那些没有意义的旁门左道挡住了你的圆梦之路。

和优秀的人在一起，离优秀更近些

在我们与人交往的过程中，常常会不自觉地受到别人的影响。

俗话说："近朱者赤，近墨者黑。"接近一个人对我们会有好的影响，也可能有坏的影响。重点并不是这个人本身的好坏，而是你会受到他身上哪些特质的吸引。

每个人都是独立的个体，即使是我们欣赏的对象，也不可能变得和他完全如出一辙，如果只是模仿对方身上的特质，那么对自己可说是毫无意义。因为你知道自己在假装，你骗得过别人，却骗不过自己。

可是，与比我们优秀的人走得近一些，从其身上吸取经验之后，就能够用自己的方式对事情进行诠释与思考。

这样一来，就相当于将他人的优势和自身的优势结合起来，甚至还能够延伸出更深层次且更加受用的观点，这才是真正属于你自己的东西。

按照常理来说，吸收比我们优秀的人的经验、能力就能够最快获得提升。比如，作为销售人员，如果能够向业绩较好的前辈学习，即便前辈的方法不一定适用于自己，也能够把前辈的经验与自身条件相结合，整理出自己的一套方法。

人的一生就是身心成长的历程，如果只是年岁增长，知识、心智却大不如前，毫无成就，这都不能算是一个健康充实的人生。所以我们要尽量与比我们优秀的人交往，这样才能让我们看到目标并不断前行。这个说法虽然有些夸张，但也不无道理，看看职场中与你最要好的那位同事，大概就可以了解你的工作态度，八九不离十。

我们常常看到一个貌似优秀、很有潜力的人，总是爱与那些不求上进又毫无特长的人玩在一起，因为这会让他们觉得更有优越感。这样的人明明资质不错，却有可能因为酒肉朋友的潜移默化，而走上根本不适合自己的道路。如果你有这样的心态，一定要警示自己，无论他们告诉你多好的方法、有多少赚钱的捷径，都不能轻信。

一个自信的人，就像拥有一套完备的防毒软件，知道什么是适合自己的、什么是不适合的。如果没有强大的人生观与俗世的价值观相抗衡，一不小心就会失去自我，还以为过着理想中的生活，但其实一点都不快乐。

把持自己的本心，与更强的人交往，学习别人身上优秀的地方，以别人为镜子，摒弃自己的缺点，令自己变得更加完美，这才是"近朱者赤"的深意。

期待自己全心全意的成功

波廉的父亲有一间生意很好的面包店，他从父亲手中接过面包店时，决定找回基本上已经被人们完全忘记的老口味的面包，不再做新口味面包。

波廉在两年的时间里，向无数老烘焙师傅求教。研究结束的时候，他已经将75种从未吃过的面包尝遍了。他将整个研究过程写成了一本书，这本书到现在为止依旧是法国各个地区烹饪学校必备的教科书。

另外，他还拥有一间令人羡慕的私人图书馆。该图书馆专门收集各类与面包有关的书籍，其中的藏书超过2000册。

在经历了长时间的研究之后，波廉发现，过去，法国制作的面包均为黑面包，而非如今人们熟知的白面包。波廉说："在第二次世界大战之后，贫穷人吃的传统黑面包都消失了，而代表着财富与自由的外地白面包开始崭露头角，并且迅速地受到了人们的欢迎。"在民族情感的影响下，加之市场定位的需要，波廉开始将所有的时间与精力都放到了复古味的黑面包上。

面包师在工作的过程中，一定要做到全神贯注，因为生产地区的气候、水和面粉在混合时候的比例、发酵所需要的时间，甚至烤炉的设计风格以及燃料的具体来源，都会对面包的味道产生很大的影响。所以，波廉坚持以木材作为燃料，并且选择用砖与黏土制作烤炉。他发现唯有遵循这样的方式，再加温的时候才可以使面包的原味保持不变。

由于各地条件的不同，波廉也就没有开分店。但为了让世界各地的顾客都能品尝到老口味的法国面包，波廉便将面包厂设在距离巴黎机场不远的地方，凭借机场旁的联邦快递转运中心，能够及时地把面包送往世界各个地区。

从此之后，波廉生产的面包受到了来自全世界各个地区人民的认可与喜爱，成为风靡全球的"名牌面包"。

当你选择要做某件事情之后，就必须专心致志、竭尽全力地去做。唯有如此，才能够获得令人瞩目的辉煌成就。

纽约车站问询处，每天都人山人海，来去匆匆的旅客都希望自己的问题可以立即得到回答。这里也是整个车站最为繁忙的地方。

问询处绝大多数的服务人员在工作的过程中都极为紧张，也导致他们压力巨大。但是有一名服务人员却是例外，他的名字叫作维克托。维克托长得很瘦小，戴着一副眼镜，看起来十分文弱的样子。但在工作时，他却表现得那样的轻松和镇定。

一个头上扎着丝巾，身材又矮又胖的旅客，一副十分焦急不安的样子站在维克托面前。为了能更清楚地听到她在说些什么，维克托倾斜着自己的上半身。"您好，"他专心地看着这位妇人，"您要去什么地方？"

这个时候，有一个穿着很时尚的男子试图插话进来。但维克托却像没有看到他一样，继续与这位女旅客交谈："您要去什么地方？"

"我要去春田。"

"是马萨诸塞州的春田吗？"

"不！是俄亥俄州的春田。"

维克托听后，不需要查看列车时刻表，就直接回答："那班列车在第15号月台，发车的时间为10分钟后。现在的时间还算充裕，您不需要太着急。"

"列车是在15号月台吗？"

"没错，太太。"

女旅客转过身走了。维克托马上将自己的注意力转移到了刚才那位穿着时尚的男子身上。可是，没过多长时间，那位女旅客又回来了，问道："你刚才说的是列车在15号月台吗？"

这一次，维克托并未立即回答那位女旅客的问题，而是一心一意地回答着时尚男子所提出的问题。

有人向维克托进行求教："你是如何做到时刻保持冷静的呢？"

维克托回答说："其实，这并不难，每次，我只为一位旅客进行服务，等回答完一位旅客的所有问题后，才接受下一位旅客的提问。"

"每次，我只为一位旅客进行服务。"这是针对很多人做事没有条理的一个非常有效的解决之道。

只有专心致志、全心全意地做事情时，才能将事情做好。在做事情的时候，见异思迁、好高骛远或者三心二意，到最后只能一无所获、一事无成。

第七章

低调，实干者的终极利器

低调是一种另类的骄傲

在现代社会中流行唱高调，低调的作用则经常会被人们有意识或者无意识地忽略。其实，往往低调才是能够帮助你取得胜利的法宝。因为采取低调策略就是外"抑"内"扬"，是一种另类的骄傲，平时以低调的姿态示人，在关键时刻往往可以打败高调，出奇制胜。

美国著名的《时代周刊》刊登了2005年度"全球最具影响力的100人"名单，华为技术有限公司总裁任正非先生成为中国内地唯一一个入选的企业家，可以与微软前任董事长比尔·盖茨以及苹果CEO史蒂夫·乔布斯等大牌老总同日而语。

《时代周刊》评价说，任正非有着非常杰出的企业家才能。在1988年，他开办了华为公司，该公司重复了当年一些全球化大公司，比如，爱立信、思科等的历程，现在已经被电信巨头当作是"最危险"的竞争对手。

不过，任正非，这个在别人眼中具有传奇色彩的电信大佬与他的华为公司并没有依靠"抛头露面"来增强知名度，其行事作风相当低调。

任正非是曾被国家领导人钦点出国陪同访问的大企业家，

但是他很少接受采访，也很少在公共场合露面，这与他的不少同行形成了十分鲜明的对比：别人都担心被媒体与群众忘记，而任正非却总是担心自己会被媒体"曝光"。

有人问任正非："为何不愿意接受媒体的采访呢？"他的回答令很多人万分惊讶："我们有什么值得见媒体的？天天与客户直接沟通，客户可以多批评我们，他们说了，我们改进就好了。对媒体来说，我们不是永远都好呀！不能在有点好的时候就吹牛。我不是不见人，我从来都见客户的，最小的客户我都见。"

在一次公司内部的讲话中，任正非曾说："希望全体员工都要低调，因为我们不是上市公司，所以我们不需要公示社会。我们主要是对政府负责任，对企业的有效运行负责任。对政府负责任就是遵纪守法，我们2007年交给国家的税收共27亿，2008年可能会增加到40多个亿。已经对社会负责了。"

不但如此，华为还在很多方面都体现出了其低调的行事作风：

不管是在国际市场上，还是在国内市场上，华为的电信设备经营都可以称得上是纵横捭阖了，可是在公众场合，华为从不说自己是行业老大，也不会极其张扬地做宣传、打广告，倘若不是人们还能偶尔在新闻上看到华为在外国中标或者做并购交易这样的信息，人们根本就不知道华为能够做得这样好究竟是为什么。比如，华为的营销模式是怎样的，与华为的合作公司都负责华为的哪部分业务。站在这个角度来看，华为集团属于一个相当典型的低调企业。然而，他们却收获了巨大的成功。它就是通过这种低调的行事作风达到了真正的"高调"。

也正是由于这个原因，公众媒体上很少会出现华为的广告。正如任正非自己常说的那样："只有安静的水流，才能在不经意间走得更远。"

然而，这种低调的宣传策略使消费者对它的产品产生了一种极其踏实、靠得住的良好印象。与之相反，不少喜爱进行洗脑宣传的企业，却让消费者产生了一种十分轻浮、惹人厌的不良印象。

据华为对外公布的业绩数字显示：2015年，华为的销售收入达到了3950亿人民币，其中有46.9%源自海外市场。在不少知名企业，比如，联想、TCL等国际化困境重重的背景之下，华为已经抢先实现了国际化，顺利地进入了世界级企业之林。

也许只有对历史进行考察之后，我们才能够对任正非及华为公司有一个更深刻的了解，才能够对任正非的沉默与低调所承载的价值与意义有一个正确的理解。在现在社会中，很多人或公司都沉浸在争名夺利、物欲横流的旋涡中不可自拔，可能最缺少的就是这种低调的精神吧。

其实，不管是对某个人的发展来说，还是对某个企业的发展而言，荣誉也好，名声也罢，都只不过是一些虚无缥缈的东西，很快就会消失。名誉固然十分重要，但更重要的还是切实的利益与长远的发展。所以，不管是个人还是团体，只有将功名利禄看得淡一些，老老实实地立足现实事业，遵循低调的行事风格，才更有可能创造奇迹，收获成功！

人要先学会低头，才能抬头

毫无疑问，在这个世界上，任何人都不会心甘情愿做个平庸的人，每个人都渴望自己能够拥有超人的魅力，获得世人的瞩目与赞美。但是，若想充分地展现自己，获得他人的认可，必须具备足够的资本，否则是不可能"梦想成真"的。人们经常说："台上一分钟，台下十年功。"的确，如果没有"台下"的苦训，那么就不可能会有将来的一鸣惊人！

北京有一家很有名的中外合资公司，到这个公司求职的人非常多，但该公司用人条件相当严格，基本都是20:1的淘汰率。

小王是名牌大学的毕业生，对这家公司仰慕已久。于是，他精心编写了一封短笺，寄给了这家公司的老总。没过多长时间，小王就收到了这家公司的录用通知。

原来，并不是小王的学历打动了老总，而是小王那十分特别的求职条件——请随便给他安排一份工作，不管这份工作有多么辛苦，他只拿一半薪水，但是保证比任何人做得都出色。

进入公司工作之后，他果真做得非常棒。于是公司主动提出要支付给他全额的薪水，但他一直坚持着自己最开始许下的承诺，只拿一半薪水。

后来，这家公司所隶属的集团在经营决策上出现了失误，对公司产生了极大的影响，进而需要进行减员来缓解危机。于是，不少员工都被辞退了，但小王不仅没有失业，反而被老总提升为部门经理。这个时候，他依旧主动向公司提出只拿一半薪水的请求，但他对待工作仍然非常认真、努力，负责的部门是整个公司中业绩最好的部门。

后来，公司打算给他升职，明确表示不让他只拿一半薪水，而且还给出了非常好的奖金承诺。在这样优厚的待遇面前，他并没有表现出一点儿受宠若惊的样子，反而做出了一个令所有人都惊讶的举动——递交了辞呈，转而加入了另外一家各个方面的条件都十分一般的公司。

跳槽没多久，他就凭借自己杰出的才能，取得了新加盟公司全体成员的认可与信赖，被推选为这家公司的总经理，待遇甚至比之前那家公司还要好。

当有人询问他之前为什么一直坚持只拿一半薪水时，他面带微笑说道："我并未少拿薪水，那不过是提前支付的一点儿学费罢了，我现在的成功，在很大程度上都源于在之前那家公司中学到的经验……"

想抬头，就要先低头，这就好像弹簧一样，"压得越低，弹起来得越高"，唯有在爆发前低头虚心学习，才能在低调中积聚力量，得到更好的发展。小王的故事正好说明了这一点：他通过少拿薪水的方式获取经验，当他积攒够了力量之后，毫不犹豫地开始为自己开拓更好、更广阔的人生舞台。

放低姿态，方有所得

我们经常听人说这样一句话："低调的人不会骄傲，骄傲的人也做不到低调。"在我们前进的道路上，骄傲自满是一块不容忽视的绊脚石，它就好像有色眼镜一样，让我们看不到别人身上的优点，总是自以为是、停滞不前。

骄傲自大之人往往会在自己与外界之间建立起一道无形的屏障，让自己与外界之间生成隔膜，变得既自私又狭隘，而且狂妄自大，就好像井底之蛙，根本看不见外面广阔的世界。

《伊索寓言》中记载着这样一个故事：

从前，有一只骄傲自大的狐狸，总觉得自己就是森林中的老大。

傍晚时分，它吃完饭出门散步。突然发现有一个特别大的影子跟着自己。吓了它一跳，因为之前从未见到过这样大的影子。它左看看右看看，原来，这是自己的影子，顿时感觉十分自豪。它平时就觉得自己非常伟大，只不过一直找不到有力的证据而已。

它欣喜若狂，在地上不停地跳舞，那个巨大的影子也跟着它跳起舞来。正在它得意扬扬的时候，一只老虎从远处跑来。狐狸看见老虎之后也没有害怕，因为它将自己的影子与老虎进行比较之后发现，自己的影子比老虎大多了，所以根本就没有搭理老虎，继续跳舞。老虎则趁着狐狸得意忘形的时候将它扑倒，一口就咬死了它。

习惯被人奉承的人，会慢慢在别人的夸赞声中自大起来，在这种心理影响下，就会表现出夜郎自大、不可一世的傲慢态度。

有一位著名哲学家曾经说过："一个人若种植信心，他会收获品德。"如果一个人种下的是骄傲的种子，那么就好像那只骄傲自大的狐狸一样，被别人吃掉。

骄傲实际上就是一种比较常见的自卑表现。骄傲的人总是喜欢在别人面前摆架子、装腔作势。实际上，这正是在掩饰自己内心深处的自卑。

人因为自谦而茁壮成长，因为自满而逐渐堕落。能够获得成功，固然是令人欣喜的，值得自豪。但是，自傲就等于自暴，自满就相当于自弃。老子在《道德经》中说："生而不有，为而不恃，功成而不居。"又说道："功成名遂，身退，天之道。"倘若你在取得成功以后，只知道自我陶醉，骄傲自满，迷失在成功中不能自拔，那么你的人生也会就此停滞不前，甚至倒退。

成功常在辛苦日，败事多因得意时。别总想着出风头，一个人之所以能够取得优异的成绩，都是在其谦虚好学、务实苦干的基础上得来的。有不少人因为年轻气盛，十分容易骄傲，经常在获得一点儿成绩之后就沾沾自喜，要知道，"满招损，谦受益"。

有人可能会说，凡是骄傲自满的人都是有本事、有资本的人。比如，《三国演义》中"失街亭"的马谡与"失荆州"的关羽都是阅读了大量兵书，曾经立过大功的人，不管是马谡的"失街亭"，还是关羽的"失荆州"，都是因为他们自以为是，觉得自己很有能耐而招来的恶果。

我们要时刻保持谦虚，颗粒饱满的稻穗总是低着头的，只有那些空瘪的稻穗才会将自己的头高高地昂着。

如果你因为自己有些能力，取得一些进步或者成绩之后，生出一种喜悦之情，这是可以理解的。但是，倘若这种喜悦变成了狂妄那就有问题了。这样一来，你之前获得的进步与成绩就不再是通向成功之门的起点与阶梯，而是阻碍你继续前行的绊脚石与包袱，最终只会引来不良的后果。

人生在世，大家都在为自己的未来打拼，都想登上成功的山峰。然而，通往成功之门只有一条路，即放低姿态，努力学习。在追求成功的道路上，每个人都行色匆匆，有些人就是因为稍微懈怠了一下，回味了一下自己之前的成绩，就落在了别人的后面。为此，有人曾说过："成功的路上没有止境，但永远存在险境；没有满足，却永远存在不足；在成功路上立足的最基本的要点就是学习、学习，再学习。"

坦然接受生活的巨变，顶住压力才能活得更好

生活中，我们可能会遇到这样或者那样的不公平，而且不少事情都是我们没有办法逃避与选择的。对于那已经存在的事实，我们不得不接受，并做好调整。如果我们选择一味地抗拒，那么不仅有可能将自己的生活毁掉，还可能会将自己逼得精神崩溃。所以，在遭遇不公、不幸又没有办法的噩运时，我们应当学会接受它，并努力适应它。

在荷兰阿姆斯特丹有一座非常有名的教堂遗迹。这座教堂遗迹创建于15世纪，里面有一句题词发人深省："事必如此，别无选择。"

命运总是充满了无法预测、令人捉摸不透的变数。倘若这种变数带给我们的是快乐，那自然是很好的，我们也会乐于接受。然而，事实往往不是这样的。有的时候，这样的变数会给我们带来十分可怕的灾难，如果这时你不能淡定接受并且努力扭转局面，就会变得更加被动。

在密苏里州，年纪还小的琼斯与几个小朋友一起在一个老木屋顶上玩耍。琼斯从屋顶上往下爬的时候，在窗沿上休息了片刻，然后就准备从窗沿上跳下来。他的左手上当时戴着一枚戒指，他跳下来的时候钉子钩住了他的戒指，并将他的手指扯断了！

琼斯大声惨叫，非常惊恐，他觉得自己可能会死掉。但等到手指的伤好后，琼斯就再也没有为它难受过一次——他已经接受了不可改变的事实。

格丽·富勒，英格兰妇女运动的名人，曾经非常推崇这样一句话："我接受整个宇宙。"的确，我们也应当接受那些不能改变的事实。即便我们拒绝命运的安排，也不可能让事实发生一丝一毫的改变，我们唯一能够做到就是，改变自己，勇敢接受。

著名的成功学大师——卡耐基也曾说过这样一段话："有一次，我拒不接受我遇到的一种不可改变的情况。我像个蠢蛋，不断地做无谓的反抗，结果带来无眠的夜晚，我把自己整得很惨。终于，经过一年的自我折磨，我不得不接受我无法改变的事实。"

2008年，演员孟广美遭遇了人生中最严重的打击：与自己谈了5年恋爱的意大利男友骗取投资人5亿巨款后潜逃，被捕入狱，而这5亿元中有4亿来自孟广美，这几乎是她和家人的所有财产，这样的重创直接让她破了产。

两年之后，孟广美回忆起当时处于风口浪尖时的自己说："最难过的并不是金钱的损失，而是来自各方的猜疑。别人自然而然地就会想，你们之间的关系那样亲密，他犯了如此大的案子，你怎么可能会不知道呢？难道你是傻子吗？还是说你根本就是他的同伙呢？"

认识了11年，谈了5年恋爱，孟广美自始至终都未曾发现他有问题，只能说不是她过于天真，就是他过于老到。实际上，她的男友平时总是表现得出手大方，生活精致：吃的饭菜必须由私人厨师专门定做，还有专门租用的私人飞机。要知道，租用一次私人飞机所花费的钱完全可以购买一辆相当高档的名车了。

这个看似拥有雄厚经济实力、良好家世和不俗品位的男人，有谁会想到他只是一个空手套白狼的骗子呢？因此，她单纯地以为他只是在投资上出了问题，并不曾意识到这是一个彻头彻尾的骗局。

直到有一天半夜，孟广美肚子饿，想去厨房找点儿东西吃，经过男友的书房时，发现里面的灯是关着的，但男友一直没有随手关灯的习惯，为此两个人还经常争执。在好奇心的驱使下，她推开门走了进去，看到桌子上放着男友的护照夹，但是里面的护照却消失了。因为她很清楚男友有一个习惯——在书房中放一些现金，于是急忙去查看，结果发现现金也消失了。这时她有了一种很不好的预感。后来，她又发现了男友留下来的一封信，信的大致意思是说自己投资失败了，不知道如何面对她，也不知道如何面对自己的投资人。信中有一句话让她哭笑不得：你一直都那样的坚强，我坚信你肯定能渡过这次难关的。"他倒是对我非常了解啊。"在回忆那段往事的时候，孟广美闷闷地说道。

即使是这样，孟广美还是觉得他只不过是投资失败了，她劝他勇敢面对并表示自己会一直在他身边支持他。但是面对这样的请求，男友依然无动于衷。

直至后来真相慢慢地浮出水面之后，她才知道男友拿着投资人的钱并不是在经营公司，而是胡乱挥霍了。原来一直陪伴在自己身边的男友，居然是一个处心积虑谋划了很久的骗子，一个不折不扣的魔鬼！

　　这个打击对于孟广美来说是沉重的。他带走的是她96％的财产，最可恨的是还包括她父亲留下的遗产。在那段时间里，她最难面对的就是母亲。因为父亲去世的打击，母亲已经患上了严重的抑郁症。在面对这件事的时候，母亲虽然表现得相当镇定，但越是这样她越是愧疚，整整一个月的时间她都没勇气回家，也不敢给母亲打电话。无奈之下，她只能拜托哥哥回家住，让哥哥劝劝母亲。她让哥哥转告母亲，自己有手有脚有脑子，失去的一切都会靠自己赚回来。

　　在浮躁的娱乐圈，一个年过四十的女人和年轻女孩们一起打拼，其中的辛酸是无法想象的。但是孟广美说："把现在和过去一一比较，纯粹是自寻烦恼——可能我要再打拼二十年，才能回到那种生活。鲍鱼鱼翅是一顿饭，清粥小菜也是一顿饭，该拥有的我都拥有过，最幸运的是我还健康，还可以工作，我是很享受工作的人。"

　　她与华谊签约，主持电视节目、拍摄影视剧、做商业代言。最忙碌的时候，她在一天之内要辗转3座城市，上午的时候还在北京，下午就到了广州，晚上又来到了成都。那个时候，吃饭是她最讨厌的事情，因为她认为吃饭太浪费时间了。

　　在拍摄《婚姻保卫战》这部电视剧的时候，朋友将一个商业代言介绍给她，因为酬劳很高，她非常心动，但是向导演请假的时候却遭到了拒绝，因为那天一下午都要拍摄孟广美的戏。但是倔强的她并没有放弃这次代言。她让朋友把要穿的衣服、化妆品都准备好放在车上，事先把车开到拍摄现场等着。在两场戏之间一小时的空当里，她飞快地赶往商业代言的活动现场。

在奔驰的车上，她飞快地用矿泉水洗干净脸，然后自己化妆，更换合适的衣服与鞋子，快速将一切都收拾妥当。到了现场之后，她从容淡定地发言，接受记者简单的访问，然后再坐上车，换回原来的衣服。所有的事情都衔接得天衣无缝，没有一个人看出其中的端倪。

虽然生活艰苦，但她并没有怨天尤人，而是选择坦然接受。2009年孟广美偶然结识了世贸天阶董事长吉增和，最终找到了感情的归宿。

这就是孟广美，一位能够淡定面对巨变的女人，无论生活是好是坏，只要发生了，就要勇敢地接受。

我们不是能够预知未来的巫师，明天能发生什么，我们谁也无法预料。但既然已经发生了，就不要再懊恼，迅速调整好自己，勇敢地去面对，去尽力减少损失接受事实，人生才能尽快回到原来的轨迹上去。

给自己一个目标，不断向前

人们做事情前，首先要确定自己的目标，然后严格要求自己，努力克服缺点和不足，今日事，今日毕，凡事做到最好。只有这样，才能步步为营。

为了少走弯路，到达成功的巅峰，需要消灭一些不必要的借口。

在做事方面，人们常常对自己说"有的是时间，一切慢慢来！等一等再做，天又不会塌下来"或是"有那么多的事情要做，这些就先放放吧"等借口。摆脱这些借口，可以写一些座右铭时刻激励自己、提醒自己。拖沓不仅不会让你获得解脱，反而会让你陷入更大的焦虑中。如果你选择了拖延，也就和成功无缘。

一天的工作结束后，要及时检查自己的行为是否得当，以便下一次将事情做到最好。你可以给自己该做的事情设置一个最后期限，在这个期限之前必须完成。将自己要做的事情列一个计划表，以便能够更好地完成工作。

最后，还要紧盯你的目标，穷追不舍，能够让你在工作中创造出非凡的成绩，将许多不可能的事变为可能。当然，这是在"确定了目标，能保证完成任务"的基础上。

毋庸置疑，无论你在何种性质的企业上班，按时完成任务是一种崇高的使命。如何去完成任务以及能否顺利完成，我这里有两种方法可以助你一臂之力：

1.盯紧目标，不达目的不罢休

2."难"字当头，要迎"难"而上

第一种方法在遭遇困难时能给内心注入力量；第二种态度在内心中可以减少不必要的心理负担。

事实上，一个最优秀的人，往往会心无杂念，一心一意去紧盯一个目标。在做事时，也不会找任何借口影响目标的实现。

位于中国四川省西部大渡河上的泸定桥，是一座由清朝康熙帝御批建造的悬索桥。1935年，在红军长征的过程中，泸定桥有着重要的战略意义，飞夺泸定桥也是最关键的战役之一。当时如果不能及时夺得泸定桥的地理位置，红军就有可能被国民党部队围剿消灭，后果不堪设想。

当时的红四团是攻坚的主要力量，杨成武是该团的主要干部之一。在1935年9月，红军面临敌人围追堵截的时候，毛泽东和中央军委下达了命令：红四团必须在3天之内，先于敌人赶到150多公里外的泸定桥，粉碎敌人前后夹击合围的阴谋。红四团刚刚经历了长途奔袭和战斗，人疲马乏，可是战士们听到这一命令，毫无怨言，立即起身赶赴泸定桥。

当时，杨成武身系重任，第一天，他带领红军战士们克服了重重困难，一边与沿途的敌人作战，一边在崎岖的山路上奔袭。到了第二天，战士们5点钟就动身了，比第一天还要早一个小时，并且这时，再次接到领导的急令：必须一天内走完120公里路。当时的杨成武也十分气愤："路，需要人一步一步地走，少一步都不行啊！更何况，一天要走完两天的路，简直天方夜谭。"但是如果不能完成这一任务，未来就会牺牲更多战士的生命。从目前收到的情报来看，泸定桥本来有敌人两个团防守，现在又有两个旅正向泸定桥增援。如果敌人的增援力量比红军早到泸定桥，那么红军想通过泸定桥就更加困难了。必须抓紧时间和敌人赛跑，才能有获胜的希望。

随后，杨成武一边和战士们急行军，一边紧急召集干部们开会，边走边说。会议结束后，干部们便分头深入连队进行动员。很快，队伍中便响起了"坚决完成任务，拿下泸定桥"的口号声，这声音压倒了大渡河的怒涛，队伍的前进速度也更快了，等他们赶到大渡河岸一个小村庄时，已是傍晚7点了，从这里到泸定桥还有55公里。天公不作美，突降大雨，电闪雷鸣，士兵也是饥饿难耐，为了赶路，牲口、行李很多都被扔在了半路上。但即便这样艰难，战士们的心中也只有一个信念：在有限的时间里保证赶到泸定桥。最后，他们想尽一切办法克服困难：走不动的时候，每个人都拄拐杖；来不及做饭，战士们就嚼生米、喝凉水保证身体所必需的能量。

当时，杨成武因为腿部受了伤，走起路来疼痛不堪。许多同志都劝他骑上马走，但他认为这正是需要干部起模范作用的时候，于是以挑战的口吻向大家说："同志们，咱们同舟共济，一起走吧！看谁走得快，看谁先走到泸定桥！"也是这个时间，对岸出现了一长串的火炬，原来是敌人在点着火把赶路，稍不注意就有可能与敌人交战。

于是，杨成武心生一计：他命令战士们也点起火把走路，当对岸的敌人问红军是谁的时候，便选出四川籍的同志和刚捉来的俘虏与对面问答。对岸的敌人万万想不到，一直大摇大摆跟他们并排走的，竟然是他们的敌人。雨越下越大，到了深夜12点，对岸的那条火龙居然不见了。这也许是敌人怕辛苦，也许是认为红军不会那么拼命赶路，敌人停下来不走了。这时的红军干部战士们虽然也累得走不动了，但看到这一情况，全团不仅没有一个人停留下来休息，反而很积极地表态：这是一个好机会，要抓紧时间向前赶路，这样才能保证任务的圆满完成。

经过一天一夜的急行之后，红四团终于在第二天早晨6点多按时到达泸定桥。这一天，除了打仗、架桥外整整赶了120公里路，简直是人类的奇迹！

或许你很难想象当时红军的处境有多么危险，他们的征程有多么艰难，然而优秀的红军战士们，就是在这样的条件下保住了祖国的大好河山，捍卫了中华民族的尊严。

和红军战士们的任务相比，你的工作任务是不是轻松很多？但还是有许多人以各种各样的借口，拖延着完不成任务，或者执行任务时，总要打一些折扣，甚至导致本来很容易就能完成的任务没能很好地完成。

在接受任务时要不畏艰难，在面对任务时，不要找无关的理由来推托。

面对紧迫的局势，面对临时增加的工作不要抱怨，抛开自己的利益，一切从组织的需求出发，尽自己最大的努力完成任务。

"干部永远要带头，同志们才会加油。"优秀的人都是吃苦在前、享乐在后，团队的力量需要领导来带头，更需要每个人出力。

即使听到了别人的抱怨和不满，你也不要去学习，不要以为别人那样你也要那样，真这样做了，你才是最傻的人。敌人的部队在最开始也是连夜冒雨赶路，在中途，他们以"雨太大""人太累"的理由放弃了赶路，而红军却依然坚持自己的目标，最终抢先赶到了泸定桥，取得了战役的胜利。

目标对于我们来说真的太重要了，我们要看准一个目标努力前行，不气馁、不放弃，在这样的心态下，没有任何事情能够拦住你。

能让你在职场大展拳脚的基石永远是责任

责任重于泰山，自己在工作中需要扛起这份责任，因为对工作负责，就是对自己负责。

生活中或许你经常会听到这样的对话："我又不是公司的领导，公司是好是坏与我有什么关系？凭什么要对工作负责？对我又有什么益处？"一副事不关己高高挂起的态度，抱持这样心态的人，势必会影响他的工作，同时也影响他的前程。

还有一些人，在接到客户的投诉电话时，第一遍还很有耐心，第二遍语气已经带了情绪，到了第三遍，就完全听不下去了。他们觉得：得罪客户又不是什么大事，说不定过几个月，我就不在这家公司工作了。至于公司的形象，这就不是我要管的事了，工作能按部就班就已经很不错了，干多了又没有额外的奖金，工作拼命，主动加班，这样赔本的生意只有傻瓜愿意做！

有很多人，从来就没有把自己当成公司的主人，更不要说把公司的事当成自己的事。但有一点需要明白的是：你是这个公司的人，你的前途发展和公司的命运息息相关，只有公司发展好了，才有你的发展平台。对工作负责，才是对自己负责。

有一家动漫网站为了扩大公司知名度，经常举办一些比赛。但令他们万万没有想到的是，这样反而起了反作用——他们差点因为一个帖子引发了一场破坏公司前途的危机。经过一番调查，最后查出这个帖子是一位参赛者发出的，他在帖子里说该网站的工作质量和服务态度差，并且还呼吁大家抵制。这个帖子被他发到了各个论坛，一时间，网站声名大减，甚至影响了正常运营。

这个参赛者为何如此仇视这家网站？他和这家网站有什么深仇大恨呢？原来这个人在之前参与了网站的比赛，并且取得了不错的成绩，按理说，他应该能得到一笔丰厚的奖金。可是他与网站的工作人员联系时，工作人员却告诉他，没有看到他的投稿资料。这个人拿出了该网站通知他获奖的邮件，并告诉了发件人的姓名。岂料，这位工作人员却说：原来负责这件事的员工已经离职，在自己接手的资料中，没有该作者的资料，所以奖励也只能作废。

听到这话，本来应该得奖的人又急又气，然而，这位员工却回敬道："这事又不是我负责的，谁通知你获奖，你找谁去。"这句话彻底激怒了他。于是，他写了一个谴责网站的帖子，发到了各大论坛，让网站恶评如潮。

随后，该网站的负责人调查了事情的经过，发现参赛人所讲的事情完全属实。于是，他不仅向这位参赛人公开赔礼道歉，补发奖金，还将那位说"谁通知你获奖，你找谁去"的员工辞退了。

公司里的很多事情都与你有着千丝万缕的关系。说得更深一点，你是公司的一员，代表公司的形象，公司的形象受损，你不但得不到什么好处，还会深受其害。

无论你在哪家公司从事工作，都有可能遇到别人通过某一位员工来定义公司的整体形象的事情，你有责任去关心，并在力所能及的范围内将问题解决。即使自己解决不了，也要及时向领导汇报。

有太多人，对公司内部与自己无关的事情一概不过问。这样的人，无论到哪里都不会有太好的发展，事业的发展也会极其有限。你不对公司负责，那么公司也没有必要对你负责。你不重视公司的利益，公司又何必在意你的成长呢？倘若你是企业的老总，肯定不会把重任和机会交给一个凡事只考虑自己感受的人。反过来讲，你是一个对待工作认真负责的人，公司自然也不会让你失望。

华为的客户经理张豪就是这样一个人，他是很多华为员工崇拜的偶像，曾荣获2006年国内市场部金牌。张豪的出色成绩，与他对公司的责任心密不可分。

某天，公司外派张豪到北京出差，因为朋友的关系，得知公司以前的一位客户也在北京出差。本来自己的事情已经很忙了，但是张豪想：这位客户以前和公司在业务上有一点不愉快，自己也许可以利用这次机会与他改善一下他对公司的印象。随后，张豪就联系了那位客户，非常真诚地说：如果有哪里需要帮助，可以随时找他。当然，这位客户一开始仅仅把这当成客套话，没放在心上，但没想到自己还真碰上了问题。当下就忐忑地联系了张豪。

这位客户告诉他：因为出门着急，忘记带名片了，希望张豪能帮个忙，下午要急用。

张豪爽快地应承下来，他连着跑了十几家店，得到的答复都是第二天才能做好。张豪打电话把情况告诉了客户，并劝他别着急，自己会继续想办法。客户听到张豪的话，心里很是感激，一再道谢，并让他不用再找了，实在没办法的话，下午的商务活动就不用名片了。客户都已经说了不用再找了，换了其他的人，也许就心安理得地放弃努力了，但张豪并没有，他还在继续努力想办法。在经过一家照相馆时，张豪眼前一亮，突然有了主意：找一张名片作为模板扫描出来，然后把名字和电话改一改，进行数码打印，剪裁一下就可以作为完美的名片了！

经过紧张的制作，张豪终于及时将做好的名片交到了那位客户手中。客户惊讶之余十分感激，也对华为的印象彻底改观。张豪终于成功挽回了这位客户，并且在这之后他们成了很好的合作伙伴。

其实，客户最初对公司有不满，也不是张豪的错，即使张豪不去与客户联系、缓和关系，别人也不会说什么，但责任心驱使着张豪这样做了。

心里不忘工作、对公司尽职尽责的人，无论去哪里，职业道路都会走得很顺。

在事业的发展过程中，你必须肩负的职责会激发你的热忱，促进事业前进。一个成功的人，不仅需要智慧的头脑，还要有强烈的责任心。在成功的路上向着既定的目标坚定不移地前行，在艰难困苦面前，用不服输的勇气超越极限，负责到底，这是创造奇迹、走向成功的必经途径。

行动起来！不要让你的梦想变成空想

只有实际行动，才能让计划变为现实。一张地图，不管其内容是多么详细，比例多么精准，永远也不可能领着自己的主人到列国游玩；严肃而公正的法规条文，不管是多么神圣，永远也不可能将所有的罪恶扼杀；充满了人类智慧的宝典，不管是多么精辟，永远也不可能自动帮助人们创造出财富。只有你真的开始行动了，才能够使地图、法规、宝典、梦想、计划以及目标变得具有现实的意义。

安妮是个长相漂亮、受人欢迎的小姑娘，但她每次一做事情，总是喜欢空想，却不会立即做出行动。

詹姆森先生是水果店的老板，经常卖一些本地生产的水果。詹姆森先生很喜欢安妮——这个与他同村的女孩。有一天，他问安妮："亲爱的，你想要赚些钱吗？"

"当然，"安妮毫不迟疑地回答，"我早就想要拥有一双漂亮的新鞋了，但我家里太穷了，根本买不起。"

"好吧，安妮。"詹姆森先生接着说道，"住在你家隔壁的卡尔森太太，她家有一个牧场，里面有不少长势良好的黑草莓，并且准许任何人进去采摘。你也可以去采摘，然后将采摘的黑草莓卖给我，1斤黑草莓，我会支付给你13美分。"

安妮听了之后，相当激动。她快速跑回自己家里，拿上一个篮子，打算立即去摘黑草莓。这个时候，她情不自禁地想，自己最好还是先计算一下采摘5斤黑草莓能卖多少钱。于是她拿出了一块小木板与一支笔，开始计算，计算结果显示她能赚65美分！

"如果我能够采摘到12斤黑草莓呢？"她接着计算，"那么我又能够得到多少钱呢？"

"啊，上帝啊！"她计算出结果，"我居然可以赚到1美元56美分呢！"

就这样，安妮不停地计算下去，如果她采摘了50、100、200斤黑草莓，她会赚到多少钱，并在这些计算上花费了大量的时间，不知不觉已经到了吃午餐的时候了，没办法，她不得不下午再去采摘黑草莓了。

午饭过后，安妮拿起自家的篮子匆忙跑向卡尔森太太家的牧场。但是，有不少男孩子在上午就已经来这里采摘黑草莓了，没多久，他们就将品质优良的黑草莓都摘完了。而小安妮最后只采摘到了1斤卖相不太好的黑草莓。

在回家的路上，情绪有些低落的安妮突然想起了老师经常说的话："做事情必须避免空想，制订好计划，并按部就班地做就行了，100个空想家都比不上一个实干者。"

只有行动才能让计划变成现实。成功在于计划，更在于行动；目标再伟大，如果不去落实，永远只能是空想。

在一次行动力研习会上，培训师做了一个活动。他说：
"现在我请各位一起来做一个游戏，大家必须用心投入，并且
采取行动。"他从钱包里掏出一张面值100元的人民币，说：
"现在有谁愿意拿50元来换这张100元的人民币？"他说了几
次，都没有人行动，终于有一个人走向讲台，有些迟疑地看着
培训师和那一张人民币，不敢行动。

那位培训师提醒说："要配合，要参与，要行动。"那个
人才采取行动，终于换回了那100元，立刻赚了50元。培训师
说："凡事马上行动，你的人生才会不一样。"

没有实际行动，即便成功的机会就放在你的面前，也没有办法真正
抓住它。人生亦如此，不管你的梦想是多么美好，一旦离开了行动，它
就变成了空想；不管你的计划是多么完美，一旦离开了行动，它也就丧
失了应有的意义。因此，如果我们要实现自己的梦想，就一定要重视行
动，在行动中实现自己的理想。

第八章

无畏，
人生除死无大事

适合的才是最好的

从前，有两只威风凛凛的大老虎，一只生活在无边无际的森林里，一只生活在空间狭小的笼子中。

生活在森林里的老虎非常自由，想去哪里就去哪里，却需要自己捕猎，过着饱一顿饥一顿的日子；而生活在笼子中的老虎不用为自己的一日三餐担忧，却哪也去不了。

生活在森林里的老虎与生活在笼子中的老虎都非常美慕彼此的生活，森林里的老虎美慕笼子里的老虎生活得十分安逸，不需要为自己的生计奔波；而笼子里的老虎则觉得森林里的老虎自由自在，很是快活。有一天，两只老虎请求上帝让它们互相交换一下彼此的生活环境，上帝怜悯地看了看它们，同意了。

于是，生活在森林里的老虎走进了狭小的笼子中，而生活在笼子里的老虎则走出去，进入了大森林里生活。刚开始，进笼子的老虎非常高兴，因为它再也不需要为了生计而发愁了；而进入野地里生活的老虎也十分开心，因为它可以在广阔的野地里自由地奔跑了。

但是，没过多长时间，两只老虎都死了。

一只因为没有自由抑郁而死，一只是因为找不到食物饿死了。走进笼子里的老虎，得到了梦寐以求的安逸生活，却没有在狭小空间生活的经验，更加向往自由与森林；进入森林里的老虎得到了一直想要的自由，却没有在野外捕猎的本领。

很多时候，人们往往看不到自己的幸福，却对别人的幸福羡慕不已。然而，别人的幸福不一定适合自己，甚至，别人的幸福就是自己的坟墓。

什么样的生活才是最好的生活？其实答案很简单，最适合自己的，才是最好的、最美的。

每个人都不会心甘情愿平庸地过一辈子，都曾经有过十分美好的憧憬。人与动植物之间最重要的区别就是，人懂得设计自己的理想，并有实现理想的冲动。

理想，就是人对生活的选择。但没有以现实情况作为根基的理想只能算是一种妄想。心中有理想是一种积极主动的活法，不受那些不符合实际的梦想折磨，恰当地选择，更是一种积极主动的活法。

生活需要我们用心去经营。常言道：人往高处走，水往低处流——人们想要改变自己的命运，是无可厚非的，但是应当先从身边开始改变。

一个人无论从什么时候开始对自己的人生进行思考都不算晚。未雨绸缪不仅不会受到损失，还能够使人获得诸多益处。天生我材必有用，倘若你还没有什么成就，就应当想尽一切办法拓展思考范围，开创新的人生。

另外，"自知者不怨人，知命者不怨天"。这句话从字面上看似乎有些听天由命的意思，但实际上它是在强调一种积极乐观的生活态度。

只要你愿意，切切实实地把握好每一分钟，今天就是你获得重生的起跑点，每一分每一秒都能够不断地充实自己的生活。

社会发展得越快，机遇就越多。寻找最适合自己的职位和目标，并且努力向目标前进，你才能有动力去做事情，并且乐在其中，只有适合自己的，才是最美的。

以人为鉴，参考他人的成功

马太效应认为，任何个体、群体或者地区，只要在某个方面取得了进步与成功，就会逐渐形成积累优势，有更多的机会获得更大的进步与成功。而通过观察、比较、学习和沟通，收集成功者的意见，是成功的关键所在。

不管我们做哪个行业，都应选一位成功者引导自己，不要害怕求助于他们。有个规则要记住：一个人越是有成就，就越希望与那些有潜力的晚辈分享自己的学问、智慧和经验。

人生最有价值的事情之一就是将自己的经验与他人分享，所以，成功人士大都乐于借鉴他人的经验、学习他人的长处，站在前人的肩膀上成就事业、创造人生。

我们都希望自己能够与能力超群、地位卓越的人做朋友，我们都希望这些人能够给予我们指导与帮助。然而，我们用什么方法获得这些人的指导呢？

1. 要创造机遇，进入"贵人"的视线

宋朝时期，有人在去见蔡襄之前，故意悄悄地伪造了信件，使之看起来是韩国公韩琦的推荐信。当蔡襄看过信件之后，尽管他的心中有些怀疑，但由于其性情十分粗犷而豪放，因此没有深入追究。他送了3000两白银给前来拜访的那个人，并且还写了一封回信，准备了一些礼物，由自己的四个亲兵护送到韩琦的住处，交给韩琦。

那人到了京城之后，就去了韩琦的住处拜访，并且非常坦白地承认了自己假冒别人推荐信的不当行为。韩琦听了之后，并没有生气，而是温和地说道："君谟(蔡襄的字)出手不大，恐怕没有办法使你的要求得到满足，夏太尉现在正在长安，你不妨去见一见他。"随后，韩琦还特意为那人写了一封推荐信。对于韩琦的行为，他的下属很不理解。在他看来，韩琦没有对那人伪造书信之事进行追究，已经是相当宽容了，居然还为他写推荐信，实在是太不应该了。韩琦却面带笑容地回答道："这个书生不仅能把我的字模仿得惟妙惟肖，而且还能打动蔡君谟，这可不是一般的才华啊！"那人到长安以后，就去拜见了夏太尉，而夏太尉也居然真的对他加以重用，帮他入朝为官。

虽然假冒权贵之人的做法有些不恰当，有不择手段的嫌疑，也算是一招非常惊险的棋，但其最终的结果是成功接近了"贵人"，并得到了"贵人"的肯定与赏识。

2. 要用对方关心或感兴趣的事情引起别人的注意

许多成功人士都有这个本领，他们从每一个名人的特别有趣的经历中去接近他们。

3. 要得到"贵人"的重视和关爱，就必须主动

正如人们常说的："老实人吃哑巴亏，会哭的孩子有糖吃。"

4. 必须要把握好分寸

只与你的切身利益相关，但不会对对方造成影响的事情才有可能获得帮助。

总之，与成功者交往必须讲究方式。对不同的人采取不同的策略，对不同的事也要具体问题具体分析。处理要灵活，要懂得变通，才有可能得到"贵人"的赏识，这样一来，你的身边就能够慢慢地形成一种"成功"氛围，沉浸其中，你也能够潜移默化地学习别人的优点，一步接着一步地走向成功的殿堂。

规划好你的人生，没必要从底层做起

　　人生应该从怎样的高度开始呢？不少刚开始找工作的毕业生会认为从哪里开始都一样，先落了脚再说，并野心勃勃地表示不会待多久。然而，非常遗憾的是，他们中的不少人进入岗位后，就懒散地不愿离开了。

　　对于这个问题，拿破仑·希尔曾经进行过十分经典的论述："这种从基层干起，慢慢往上爬的观念，表面上看来也许十分正确，但问题是，很多从基层干起的人，从来不曾设法抬起头，让机会之神看到他们，所以，他们只好永远留在底层。从底层看到的景象并不是很光明或令人鼓舞的，反而会助长一个人的惰性。"

　　拼命地向上攀登相当重要，对于一个人的长远发展而言也具有非常深远的意义。一旦你站到了比较高的地方，就有机会非常清晰地看到周围原本看不清的风景。

　　所以，倘若实际情况允许，尽可能从底层的上一步开始，这样一来，你就能够不受最底层单一、贫乏生活的折磨，不会生成十分狭隘的思想与极其悲观的论调，特别是能够与底层的纷争说再见。事实的确是这样的，在一个比较低的层次上，不仅资源与机会十分有限，人员素质也参差不齐，斗争和内耗经常会相当激烈。不少人在升职之前，就已经丢了锐气，因为他们将过多的热血都扔在了污泥中。

一位30多岁正在北京大学读MBA的人坦言，到了他这个年龄还在读MBA，只不过是为了越过一些层级。他之前所工作的单位非常保守，无论做什么都要论资排辈。他在那里已经工作好几年了，但依旧是一个小跟班，参与不了什么重要的事情，也不能得到真正的锻炼。而较为适合自己的中高级管理职务又是那么的遥不可及。

他的不少同事都慢慢地变得懈怠与颓废起来，但他经过慎重考虑最终选择了离开，选择了越过一些可能永远都没有办法"胜任"的层级，直接奔向"主题"。尽管MBA的课程十分辛苦，但是他觉得很值得，因为他知道辛苦过后是什么。后来，他进入一家规模很大的公司做了高级主管，年薪50万元以上，而他之前每年的年薪却不足2万元。

更为重要的是，他坐在了最适合自己的位子上，不仅自己感觉舒服，别人也觉得舒服。

当你拥有足够多的经验之后，应当从什么高度开始，现在就要考虑好了。从底层开始，一个脚印接着一个脚印地前进，看起来非常务实，但也有可能前途一片灰暗，使自己丢掉了最开始的激情与希望，迷失方向，就会陷入无比僵化的生活境遇中，那将是多么可悲啊！

做一个机智的老实人

潜规则告诉人们，做人要老老实实，记住本分，不能惹是生非。做人老实一点儿并没有错，每个人都希望别人老实，愿意与老实人交往与沟通，因为与老实人交往的时候会很有安全感，老实人宁可自己吃点儿亏，也不会让别人吃亏，也不屑于对别人使用阴谋。

周恩来曾经毫不吝啬地夸赞"世界上最聪明的人就是老实的人"。其实，除了周恩来之外，从古至今，有很多成功人士都将老实视为君子必须遵守的一条原则。可是，不管什么事情都应当有个度，一旦过火了，事情就会向相反的方向发展。老实可以，但不能傻。

"老实"这个词语已经说不清到底是褒义还是贬义了。有的时候，说一个人太老实，就相当于说这个人是一个笨蛋。因为可能一个部门所有的事情都是这个人做的，但是到了最后拿好处的却是别人，所以人们经常说："老实人吃亏，老实人无用。"所以，这里所说的"老实"就是贬义的。倘若说一个人非常不老实，那就相当于骂这个人是一个坏蛋。还有一种人，所有的事情都是别人做的，但是到最后拿到好处的却是他，这种人奸诈狡猾，以欺负老实人为乐，其实自己的实力并不强。

总之，没有一个人愿意做"笨蛋"，也没有一个想要做"坏蛋"，所以，没有人愿意让别人说自己"不老实"，也没有人愿意让别人说自己"太老实"。因此，我们既不可过于老实，也不能不老实。

俗话说得好："马善被人骑，人善被人欺。"所以，老实人容易被人欺负，就不是什么新鲜的事儿了。

太老实就等于过于保守、顽固、木讷，太老实的人对人情世故一窍不通，不知道如何对自己的人生进行规划。太老实的人只知道循规蹈矩地生活，不懂得创新，更不懂得突破，从不会主动做些什么，只会遵从他人的吩咐做事情，甚至连自己可以做什么、不能做什么都不知道。这类人的一生怎么可能会有太大的成就呢？太老实的人一辈子都处在被动之中，也注定一辈子平庸无能。这类人并不是没有遇到过机遇，而是就算机遇降临，他们也看不到，更别说积极主动地去创造机遇了。

上帝对一个老实人说，他将来不仅有机会获得巨额财富与卓越的社会地位，而且还有机会娶上一个美丽贤惠的妻子。

老实人相信了上帝的话，停止了奋斗，开始耐心地等着上帝来实现对他的承诺。

然而，这个老实人一辈子也没有等到上帝所说的那个承诺，一生平庸，一无所有。

这个老实人死了之后，就跑到上帝那里，气呼呼地质问道："你为什么要欺骗我？你说给我的东西，我等到死也没有到来。"

上帝回答道："我只是承诺过要给你获得财富、社会地位及美丽妻子的机会，但是因为你只是在等待，什么努力都不做，那些机会只能从你的身边溜走了。"

这便是老实人，机遇就在他的面前，但是他却不知道，必须得有人明明白白地对他说："这就是机遇，赶紧抓住它！"太老实的人缺乏主见，总是遵从父母长辈、亲朋好友的意见，来选择自己的生活方向与职业。特别是当别人一而再、再而三地重复意见时，老实人就不可能反对了。于是，不少老实的人最终选择了一条并不适合自己的道路。

通常来说，老实人的胆子都非常小，可谓是守成有余而开拓不足，在做事情的时候没有冒险精神，其最终的结果只能是：事业自始至终都处在一种小境界、小格局与小发展当中。因为胆子小，他们抓不住机遇，也就不利于促进自己事业的发展。

另外，有的老实人看似十分勇敢，勇于冒险，但事实上他们的这种行为是相当鲁莽的，是一种不理智的盲目行为，并非真正意义上的冒险。

在现代，不管什么事情都讲究竞争，不少利益均是你争我夺、丝毫不让的，倘若太老实的话，那么就会常常遭到他人的"欺负"。什么事情都不敢去与别人竞争，什么事情都让着别人，这种人生就会丧失许多东西。做人不能太老实，把你的聪明才智分出一些用在工作以外的事情上，机智地应对职场。

想要改变生活，先从改变自己开始

大多数人都想要改变这个世界，只有少数的人愿意改变自己。其实你自己虽然也很机灵，但是仍然需要不断改善，在通往事业的道路上将众人的智慧为自己所用。

事业的奇迹，往往是先从改善自己开始。

假如你遇到问题，要先从自身找原因，这是最好的解决方法。也有些人，一遇到问题就去责怪他人，从来不反省自己。这些现象不仅体现在人际关系中，也能体现在工作的方方面面。

《圣经》里有一句是："与其介意别人眼中的斑点，不如去除我们自己眼中的光束。"只有改变了自己，才能对别人造成影响。

小岑在一家大公司上班，已经工作了8年。刚入职时，他勤快、谦逊，凡事认真负责，但他有一个缺点，就是非常冲动，这个缺点让他在职场上吃了不少亏。

公司有一位年长的同事，不仅才华横溢，还是计算机领域的专家，但这位同事偶尔会犯一些低级错误。刚开始，小岑会私下提醒他。但很长时间过后，同样的问题又出现了，忍无可忍的小岑终于对这位同事大发雷霆，同事半天没有说出一句话。结果，问题不但没有得解决，还让小岑加了3个小时的班。第二天，他在公司的例会上气愤地指责那位同事，大家脸上都非常不好看，也从这次会议以后，那位同事对他自己职责以外的事就不闻不问，这令小岑非常痛苦，他晚上独自反省，觉得自己冲动之下做得太过分了，深深自责，并决心改掉冲动的毛病。

第二天，小岑早早地来到了公司，帮同事擦了办公桌，还在他的桌子上放了一束鲜花。之后，小岑又请那位同事到会议室，真诚地向他道歉，并请求他原谅，同事回答他说："没事，过去的事就让它过去吧，以后还是工作伙伴。"

经过这件事后，他们成了职场中的好朋友，在工作中，同事给小岑传授了很多有关计算机领域的知识技能。小岑在职场上也是如鱼得水，平步青云，这些都要归功于同事的帮助，是他让小岑懂得了更多。小岑也为自己能够拥有这位朋友而感到高兴。

了解了小岑的故事，你是否已经体会到改变自己的重要性了？那么在职场中，我们应该怎样做呢？

首先，对他人的要求，不要过于苛刻。如果你看到同事犯错，不妨给他们一些提醒，这样，你的同事做事会更加尽职尽责。别人犯了错，固然要承担责任，自己犯了错，也要勇敢地去面对自己的责任。

没有过不去的坎儿，退一步海阔天空。人际关系的改善，重要的不是靠"争"，而是靠"让"做到的。在与他人发生矛盾时，一定要有退让的胸怀，率先退让的人更能获得好感与主动。

而在矛盾激化的时候，要善于反省自己。大多数人在遇到矛盾与冲突时，首先想到的便是对方的过错，觉得不采取报复就不足以解心头之恨。也许对方的确有过错作为你报复的理由，但这不是最好的解决方式，这样做还会导致关系的进一步恶化。

对于贫穷也是如此，贫穷不是借口，善于改变现状才是最重要的。世上没有绝望的处境，只有觉得自己处境绝望的人。只有乐观地追求，才能获得财富。

福建省厦门市同安莲花镇山区的叶超群，在出生时就患上了先天性残疾：他的肌肉萎缩、手掌痉挛性连结、肘部曲蜷、手腕僵直。贫穷的家庭、身体上的缺陷，让他承受了常人没有的痛苦，旁人异样的眼光更是让他感到自卑与难过。叶超群还在上小学的时候，在电视里看到了乒乓球比赛。从那以后，他就幻想着自己也能潇洒自如地挥舞着球拍在球桌旁打出漂亮的弧线。然而，由于双手残疾，这样的梦想简直是个笑话。

贫穷的生活造就了他顽强、刚毅的精神。由于双手的力量很不均匀，在常人看来轻而易举的事情，他却要用一次、两次，甚至一百次，才能握好球拍，而且还能握得很紧、很牢。因为家境贫穷，叶超群曾经为买一个6元钱的乒乓球拍，苦苦地哀求了母亲好几年，才得以实现。

每周的星期五，他都会坚持到30公里以外的市区参加训练，无论刮风下雨、酷暑寒冬从不间断。肌肉萎缩的手在平常是不能展平的，也使不上力气，这使得超负荷的训练结束后，叶超群的手经常抖得厉害，整条手臂酸痛难忍，有时连筷子都握不住。训练时，手腕和手肘经常碰破或扭伤，疼痛难忍，但这些都没有让他妥协。为了有朝一日能够打好乒乓球，他坚持不懈，要改变自

己的命运。终于在2008年的残奥会乒乓球比赛中，他获得了单打
银牌和团体金牌的荣誉，实现了自己梦寐以求的理想。

他也有过脆弱和失意。在别人异样的眼光中，因为那双不能
平缓舒展的双手而感到失落和绝望，迷茫了将近一年的时间他才
逐渐明白：即便没有办法选择自己的出身和身体，他也可以凭借
自己的努力去改变自己的命运。即便双手不能像正常人那样平展
开来，但他坚信，别人都能做到的事，自己也能做到。

总之，自己改变不了贫穷的出身，但可以改变未来的生活。出身并
不能影响你的成功，没有必要去找理由逃避自己的出身，甚至应该感谢
它，感谢它让你拥有特殊的童年经历，感谢它让你尝尽了人世间的酸甜
苦辣，这些经历都是你走向成功的宝贵财富。想要改变生活，就要从改
变自己开始。

少为自己找借口，多为未来找出路

少为自己找借口，因为借口只会阻碍你成功。想要拥有成功，就多为未来寻找出路，凡成大事者，就是在不断地寻找着不同的出路。

每一个公司都有其与众不同的企业文化，没有专门为你量身打造的公司。有太多的人用太多的时间抱怨着公司的环境，并以此作为自己不好好工作的借口。

与其等着环境改变，不如多想想自己如何做。客观的环境不是你能做主，说改变就能马上改变的，但改变自己却是当下可以做的事。无论你面临的环境如何不好，做好自己都能让你在未来的日子里获得想不到的巨大成功。

成功人士会用心地做自己的事业。别人觉得吃亏受累的事，他们却会好好干；别人怨声载道的事，他们也会好好干。因此，在做事时，不要太在乎名和利以及别人的想法，未来不可知，但是未来可以计划，可以构想，前提就是做好你手上的事情。

有一个年轻人，因为工作不如意。在两年之内居然换了十几家单位，最长的待过4个月，最短的才5天，频繁地跳槽使他自己都有点无法忍受了。他觉得，并不是自己不想好好干，而是公司太差劲：有的是环境太差，有的是工资太低，还有的是老员工盛气凌人，这些都让他接受不了。

这样的年轻人不在少数，无论在哪个单位都拿着放大镜去找毛病，这样下去，肯定不会找到安身之处。然而那些不挑剔环境、主动适应环境、想在工作中做得更好的人，不管到哪里都能轻松地找到工作。

稻盛和夫在这方面就做得很好，他从最初的技术人员变成赫赫有名的企业家，其间的工作历程很少有人知道。

1932年，稻盛和夫出生于日本鹿儿岛，从鹿儿岛大学工学部毕业后，他来到了"松风工业"做研究员，公司的条件非常差，经营也不是很景气，工人还经常闹罢工。一般人在这样的环境中往往会因为看不到希望而消极对待工作。但稻盛和夫却不这样，他不仅每天努力工作，还经常主动加班。

当时有很多人不能理解，有人劝他，也有人骂他，面对如此恶劣的环境，一般人可能会放弃最初的坚持。然而稻盛和夫却一点也不放在心上，还在那种情况下，研发出了一种含有镁橄榄石的新型陶瓷材料。

稻盛和夫研发材料真的是很困难的事情，当时的"松风工业"只是个小公司，而有着一流技术和研究设备的美国GE公司，在这一领域上已经遥遥领先。无论是技术还是实力，"松风工业"都没法跟GE公司比。如果是别人，在面对这样的环境时，可能会找借口另谋他职，即使要研究，也会提出要求，让公司配备相应的先进设备。但他没有提出任何要求，而是专心钻研，最终研发出了可以和美国GE公司媲美的新材料。后来，

"松风工业"发展得越来越好，稻盛和夫的身价也随之水涨船高。正因为他对未来做好了充足的准备，才促使他不断向前发展，最后成为日本高科技时代的著名领袖人物。

如果你改变不了环境，那你一定要有踏实干活的心态。改变心态，你的事业也会得到发展。

没有人愿意承认自己不够聪明。但在工作中，却又时常听到这样一种声音："我已经很努力了，可还是没有做好。"原因何在?

其实，说出这种话的人，潜意识里是觉得：我不够聪明，事情没做好是情有可原的。有了这样的借口，就会心安理得地允许自己原地踏步或者缓慢进步，允许自己遇到问题不去动脑筋，出了差错也不去反省。坚持这样做，就会慢慢自甘堕落，不仅保持不了现有的水平，还会迅速退步；而积极为自己未来寻找出路的人，也会在打拼中获得一举成名的机会。

草根演员王宝强，出生于河北农村。自从电影《天下无贼》上映后，他就成了家喻户晓的电影明星。那他是怎样取得事业成功的呢?

王宝强成名前，只是一位普通农民，没有接受过任何表演方面的正规训练，他凭着自己的冲劲，在少林寺拜师学艺，并坚持不懈地在北影厂的门口蹲守3年，终于在影视界取得了别人的尊重和耀眼的成绩。

电影《巴士警探》是王宝强第一次接触武打戏，他的工作是给男主角当替身。

通常，在动作片中做替身是相当危险的。王宝强要从一架两米左右的防火梯上直接摔下来，落到坚硬的水泥地上。这样的动作实在太危险了！我们连想都不敢想。

想找借口，可以找出千万个借口。王宝强却不这么想，既然答应当人家的替身，就一定要做到最好。接着，他上了片场，第一次摔下来，导演不满意，说动作不到位。又摔了第二次，还是没有过关，又摔了第三次，第四次，第五次……导演终于满意通过。做完了这些，王宝强趴在地上已经不能动弹了。

他的替身经历，让很多武术指导感慨万分。别人都是假摔，只有王宝强真摔。当然，这样更能拍出武术的真实效果。

自此以后，王宝强声名大振，很多导演都知道他做替身非常认真。从替身到配角再到主角，他一步步走向了事业的辉煌。

当你竭尽所能、拼尽一切去做一件事时，就会变得无比强大。说得更确切点儿，你就会战胜所有的人。不管你是什么人，只要有坚定的决心，就会充满无穷的力量，视野也会随即变得更为开阔。

王宝强是一个做事非常认真、刻苦的人。虽然文化程度不是很高，也不是表演科班出身，但凭借努力、不找借口的工作原则，让自己走到了成功的彼岸。

借口只能让你寸步难行，你要明白，为未来打拼并找好出路比什么都重要，唯有在未来中有了好的发展、好的出路，才能发展得更好。

只要敢想敢做，就无所畏惧

人非圣贤，孰能无过。在工作中犯了错并不可怕，一味地推脱责任，逃避后果才是最可怕的！把逃避作为面对事情的方法，那做所有的事都会拖沓，不会赢得他人的信任，自己也会渐渐丧失信心，一个没有自信的人是不可能把事情做成功的。

当然，你完全有理由这样想：我的同学都比我聪明，我的同事都比我有背景，我的朋友都比我运气好。

想不经历挫折就成功，想不付出就有荣耀，那你还是别做白日梦了，天下没有免费的午餐，即使一次简单的渡河，也可能会遭遇各种险情。面对险情，要去发现比找借口更有用的东西，推卸责任和乱找理由都不会让你脱险，只有冷静地思考，坚定信念，相信自己，才有可能找到人生的突破口。

阿道夫生下来的时候只有半只左脚和一只畸形的右手，他的亲戚朋友们都为之叹息。但阿道夫的父母从不让他因为自己的残疾而对人生放弃希望，并且鼓励他去做任何自己想做的事情。父母告诉他：只要他足够努力，他能做到任何健全男孩所能做的事。

阿道夫学习橄榄球，能把球踢得很远，所有男孩子都比不上他。然后，他请人为他专门设计了一只鞋子，参加了踢球测验，并且得到了冲锋队的一份合约。

但是教练却委婉地告诉阿道夫，说他并不具备做职业橄榄球员的条件，并建议他去试试其他的职业。但阿道夫没有退缩，而是申请加入新奥尔良圣徒球队，并且请求教练给他一次机会。教练虽然心存怀疑，但是看到这个男孩这么努力，对他便有了好感，因此就留下了他。

两个星期之后，教练对阿道夫的能力渐渐有了信心，因为他在一次友谊赛中踢出了55码远并且为本队争得了分数。从此，阿道夫获得了专为圣徒队踢球的工作，并在那一季度中为他的球队争得了99分。

有一次球场上坐了6.6万名球迷。球在28码线上，当比赛只剩下几秒钟时，球队把球推进到45码线上。"阿道夫，进场踢球！"教练大声说。

当汤姆·阿道夫进场时，他知道他距离得分线有55码远。队友们把球传过来，阿道夫一脚全力踢出，球笔直地飞了出去。6.6万名球迷屏住呼吸观看，球在球门横杆之上几英寸的地方越过，接着终端得分线上的裁判举起了双手，表示得了2分。

比赛结束的哨声响起，阿道夫的球队以19比17获胜。球迷狂呼乱叫，为踢得最远的一球而兴奋，因为这是只有半只脚和一只畸形的手的球员踢出来的！

"真令人难以置信！"有人感叹道，但是阿道夫只是微笑。他想起他的父母，他们一直告诉他能做什么，而不是不能做什么。

　　阿道夫能创造出这么了不起的纪录，正因为他一直都没有为自己的残疾找过堕落的理由，也同样因为他的坚定，才创造出了无限多的可能。

　　我们要勇敢地正视自己的失败与不足，世界上没有什么事情是你胜任不了的，只看你有没有恒心去学习和努力让自己持续不断进步的能力，要经常想想自己能做什么，而不是不能做什么，你才会对未来的人生之路充满憧憬，并坚定向前。

第九章

创新，让年轻的活力怒放

并不是所有的"金科玉律"都是智慧的结晶

在很小的时候，我们就开始接受"你不可以这样做"或者"你不能那样做"之类的教导，时间长了，就形成了一些固定不变的观念。这些观念逐渐成了我们闯荡社会的"金科玉律"。的确，它们在一定程度上帮助我们少受了很多挫折，但是它们也经常在我们去开创人生新格局时起着阻碍作用。这些观念束缚着我们的思维，腐蚀着我们的潜能。所以，如果我们想要改变自己的命运，那么我们就必须先从改变自己的观念入手。

圣经上说：你们愿意别人怎样待你们，你们也要怎样待别人。但非常遗憾的是，如果将这句名言应用到某些问题上，那么可就出现大麻烦了。因为这句名言的假定是，你对待别人的方式与别人愿意对待你的方式是相同的。这便是"如何对待别人"的立论。不少人将这句话视为自己人生的策略。在处理事情时，我们也经常遵循它的"章程"。然而，将这句话视为"金科玉律"，极有可能会掉进本位主义的深渊无法自拔。因为自己的看法并不相当于别人的看法，换句话说，自己所想的未必是正确的、恰当的。倘若你是在这种名言教导之下成长起来的，那么就很容易形成这样的思考逻辑。不过，倘若你以不一样的观点进行思考，那么就可以打开前所未有的成功之门。

但不幸的是，在"金科玉律"的影响下，我们对世界存在着某些偏见，并且经常被其蒙蔽，无法看到别人见解的荒诞与可笑。当我们在对变革所导致的差异进行处理时，这种十分狭隘的观念会对我们所要采用的决策与行动产生直接影响。

在我们身边，有很多这样或者那样的条条框框，它们编织出了一个能迷惑你的误区，将我们圈在其中，不少人都对此习以为常，并且毫不犹豫地遵守"章程"。

任何人都不是一个孤立存在的个体，而是生活在社会大家庭中的一分子。所以思想与行为可能经常会受到世俗的束缚和制约。你可能并不看好这些规则，但又没有办法从这些规则与束缚中摆脱出来，没有办法确定自己应当遵从哪些比较适用的规则。

不管什么样的事物，都并非绝对的。不管什么样的规则或者法律，也都不可能保证适用于任何一种场合，或者取得最好的效果。相比之下，我们应当具体情况具体分析。你或许会发现，违背一条不太适用的规定或者将一种荒唐的传统打破却并不是一件容易的事情，甚至是不可能做到的。有的时候，顺应潮流确实是一种不错的生存手段，但是一成不变地遵从条条框框行事会让你的心情变得十分低落，忧虑不已。

倘若某种规矩对人们的精神健康造成妨碍，对人们的积极生活产生阻碍，那么它就不是健康的。倘若你心中很清楚这种规矩是消极的，是令人厌恶的，但你却一直遵从这种规矩，那么就意味着你放弃了选择自由权，令自己被外界因素控制住。

对更适合生活的标准进行衡量，并不在于能不能做出准确的选择。当你在做出选择以后，自我意志力将会更明显地反映出来，尽你所能将阻碍你的这些条条框框打破。这里所说新的思维方法会从两个方面帮助你：第一，你将完全从那些没有任何意义的"应该"标准中摆脱出来；第二，在将是非观念的误区消除以后，你就可以更加果断地做出各项决定了。

　　生活是不断变化的，观念也要不断地更新。大量的事实已经证明，成功女神总是青睐那些甩掉"金科玉律"的束缚、保持思维常新的人。所以，请从束缚中走出来，想别人不敢去想的，做别人不敢去做的。当你真的这样去做之后，往往能收获意想不到的喜悦。

不要盲从"专家"，你必须自己找出真相

在生活中，存在不少权威与很多已经得到论证的理论，他们会困住你的思维，将你的手脚束缚住。倘若你盲从众议，就会失去独立思考的能力，自主行动的能力也会被剥夺。

无论什么样的定律都是相对的，它们不仅具备先进性，也存在一定的局限性。有的人知识并不渊博，但是思想却十分活跃，敢于去努力，去拼搏，反而更容易取得成功。很多权威人士经常会认定已经存在的一些见解与习惯，抑或是自己潜心研究的成果，所以总是不由自主地就以前例看后事。当他们再次遇到类似的事情时，往往会以习惯作为标准进行衡量，不愿意参考他人的意见。结果，之前掌握的东西或者习惯有的时候反而会成了阻碍思路的一种障碍。

在冰箱的冷冻室内，同时放入一杯冷水与一杯热水，最先结冰的是哪一杯水？面对这个问题，不少人都会回答："先结冰的是冷水！"但很遗憾，这个答案是不正确的。最先发现该错误是一名来自非洲的中学生，他的名字叫作姆佩姆巴。

姆佩姆巴是一名来自坦桑尼亚的马干马中学初三的学生。

在1963年的一天，他偶然间发现，与其他同学的冷牛奶相比，

自己放入冰箱冷冻室的热牛奶结冰的速度更快。这让他十分迷惑，不知道为什么会出现这样的情况。于是，他马上跑着去找老师，希望老师能为他解答这个疑惑。

但是，老师在听完姆佩姆巴的叙述后，却觉得一定是他弄错了。在无奈之下，姆佩姆巴不得不重新做了一次实验，而实验的结果与之前的结果一模一样。

没过多长时间，达累斯萨拉姆大学物理系主任——奥斯玻恩博士来到了姆佩姆巴所在的中学。姆佩姆巴赶紧将自己的疑惑说给了奥斯玻恩博士听。之后，奥斯玻恩博士将姆佩姆巴的这一发现列为大学二年级物理课外研究课题。随后，不少新闻媒体也都注意到了这一物理现象，并称其为"姆佩姆巴效应"。

许多人觉得是对的，并不意味着就一定是对的。比如，姆佩姆巴遇到的这个好似常识性的问题，但是若我们稍微不注意，就有可能像那位老师一样，得出错误结论。

威廉·詹姆斯是一个很有名的实用主义哲学家。他说普通人只是将自己10%的潜能开发出来了。"他们具备这样或者那样的能力，但却习惯性地不知道如何利用。"

洛威尔曾经说过："在茫茫人间、芸芸众生中，不管是谁，都会有一份适合自己的工作。"在现代社会中，保持自己的本色与自身的创造性，努力地去打拼一个新天地，才是最有意义的。

有一名非常喜爱文学的学生，费尽心思地写出了自己的第一篇小说。他拿着自己的小说找到了一位很有名的作家请求指导。很不巧的是，那个时候，这位作家的眼睛正好非常不舒服，于是就让这名学生将他的作品读给自己听。

当这名学生将自己小说的最后一个字读完之后，停了下来。此时，作家询问："这就完了吗？"听作家的语气仿佛还没有尽兴，还在期待下文。学生觉得既然作家能这样问，说明自己写得很好，心中欢喜不已，立即回答道："当然没有，下面的内容更加精彩。"他用自己都无法相信的构思继续叙述下去。

又"念"了一段时间，作家又仿佛很难割舍地问道："这就完了吗？"

这名学生心想："看来，我的小说写得真的很棒。"于是他变得更加兴奋，更加激昂，同时更富有创作的激情，一发不可收拾地续编……后来，一阵电话铃声传来，将这名学生的思路打断了。

原来，给这位作家打电话的是他的一位朋友，找他有急事。于是，作家匆忙准备了一下之后，就要出门。

"那么，没有念完的小说怎么办？"学生询问道。

作家回答道："你的小说实际上早就应该收笔了，在我第一次向你询问，是不是完了时，就应当结束了，根本不需要这样的画蛇添足。看来，你依旧没有能够将情节脉络把握住。特别是缺少决断，而作为一名作家的根本就是决断，像你这样拖泥带水，根本不可能打动读者的！"

这名学生听了之后非常后悔，觉得自己的性格太容易被外界影响，很难把握作品，最终放弃了将来要成为一名作家的理想。

很多年过去了，当这位年轻人碰到另一位名气斐然的作家时，很羞愧地将那段往事说给对方听。令他感到意外的是，这位作家听完之后居然惊呼道："你的反应太敏捷了，思维太敏锐了，还有你编写故事的能力太棒了，这些都是成为出色作家的天赋啊！如果当初你能够正确地运用，你的作品肯定会脱颖而出，受人追捧的！"

年轻人对于权威盲目地信任，结果只能将自己出众的才华白白辜负。由此可以看出，尽管权威的意见有一定的道理，但它不能代替我们的独立思考，只能作为人生的一种参考。权威，或许今天是权威，但并不意味着永远都是权威。况且，权威并非只有一个，你到底应当听信哪一个？要知道，权威≠真理！倘若你多询问几句为什么，倘若你做出改变，这次换一种做法，结果会如何呢？倘若你坚决回答"NO"，又会是变成什么样子呢？不要担心自己所做的决定是不正确的，因为很有可能权威们也不清楚到底什么才是真正的事实，他们也都是凭借自身的经验进行判断的。坚信自己的判断与决定是对的，就是突破了自我。在面对权威的时候，突破自我，走出一条属于自己的道路，才是最为正确的选择，同时也更能实现自己的价值。

物理学家杨振宁在谈论科学家的胆魄的时候，曾经这样说过："当你老了，你会变得越来越习惯舒服……因为一旦有了新想法，马上会想到一大堆永无休止的争论。而你年轻力壮的时候，却可以寻找新的观念，大胆地面对挑战。"为何有的大人物功成名就之后，就很难再继续辉煌下去了。恐怕其中一个非常重要的原因就在这里。

我们不应该盲目地信服那些权威或专家们，应该大胆、勇敢地向权威发出挑战！

另辟蹊径，另一番境遇

前进的道路上总会遇到一只又一只"拦路虎"，面对这些，我们往往不得其法。既然无法冲过去，何不找寻另一条路呢？解决问题并非只有一条路可走，只是在有些时候，那条路还尚未被发现。高智商的人做事未必高效，不懂变通也会让他们的高智商毫无用武之地。面对此路不通的情况，我们就要迅速另寻他路，也许会找到一个更合适的方法。

一个犹太人走进纽约的一家银行，来到贷款部。

"请问先生，我可以为您做点什么？"经理一边问，一边打量着这个西装革履、一身名牌的客人。

"我想借些钱。"

"请问您要借多少？"

"1美元。"

"只需要1美元？"

"不错，只借1美元，不可以吗？"

"噢，当然，只要您有担保。"经理虽然有些惊奇，但是根据银行规定，犹太人的提议无法拒绝。

"好吧，这些做担保可以吗？"

犹太人接着从皮包里取出一沓股票、国债，等等，放在经理的写字台上。

"总共50万美元，够了吧？"

"当然，当然！不过，您真的只要借1美元吗？"经理疑惑地看着眼前的怪人。

"是的。"说着，犹太人接过了1美元。

"年息为6%，只要您付出6%的利息，一年后归还，我们就可以把这些股票退还给您。"

"谢谢。"

犹太人说完准备离开银行。

但是经理越想越不明白，拥有50万美元的人，怎么会来银行借1美元，于是他慌慌张张地追上前去，对犹太人说："啊，这位先生……"

"有什么事吗？"

"我实在弄不清楚，你拥有50万美元，为什么只借1美元呢？您这样做不会很吃亏吗？要是您想借30万、40万元的话，我们也会很乐意……"

犹太人笑了："我来纽约办些事情，可是这么多东西带在身上很不方便，但是保险箱的租金都很昂贵。所以，我就准备在贵行寄存这些东西，一年只需要花6美分，租金简直是太便宜了。"

对于这位犹太人来说，他的目的是让那些股票、债券安全，而存放到保险箱无疑是个最"正常"的方法，但是对这个犹太人来说代价却太过昂贵。于是他另辟蹊径，通过贷款1美元的奇妙方法，让自己的巨额财富安全存放在银行里。

目的地一样，走的路却不同，你有选择更便捷、更简单的那条路的权利，只看你能不能发现那条隐藏的小路，有没有勇气、有没有能力踏上去。很多时候，另辟蹊径看似很难让人理解，却是最佳的方法。

用创新拓展新的视野

一个缺乏创新意识的人是可悲的，一个缺乏创新能力的人是可怜的。如果你想要改变目前的境遇，那么就应当不断地进行创新。唯有勇敢地进行创新，才能赢得成功女神的青睐。

日本一家高脑力公司的领导们发现，每名员工的面色都十分憔悴，整天一副萎靡不振的样子。在多次向相关专家咨询之后，他们实施了一个最为简单，也最为特别的应对方案——用800多个又圆又光的小石子在公司后院中铺出一条石子小路。每天上午与下午分别抽出一刻钟，让公司的员工们将鞋子脱掉，随意地行走在这条石子小路上。

一开始，员工们都感觉这种做法非常好笑，还有不少人认为在大家面前光着脚走路很不好意思，但是时间长了，大家就体会到了它的好处。原来，这是一种具有很强医学原理的物理疗法，可以对行走者的足部进行按摩，从而有效地缓解疲劳，使大家精神焕发。

有个年轻人看完上述故事之后，就开始着手自己的生意。他先是找到专业人士求教，然后选择了一种略微带着些弹性的塑胶垫，并且将这种塑料垫截成一个个长方形，最后将其带回了老家。

老家有一条小河，河滩上到处都是光滑、漂亮的小石子。经过认真的挑选，年轻人挑出了一批小石子运送到石料厂。在石料厂，年轻人又将这些小石子分成了两部分，一粒一粒、小心翼翼地粘满胶垫，等到它干透之后，他自己先反复地踩上去试验感觉，然后，又进行了好几次修改，将样品确定下来，最后就在家乡开始进行批量生产。

后来，他又将它们划分出了几种不同的规格。在产品刚刚生产出来后，就用最快的速度办齐了产品鉴定书等一系列手续，然后在一个星期内将产品送到了可以代销的商店货架上。将自己的产品送到商店的货架上，仅仅是销售工作的前期工作，销售工作最重要的后期工作则是如何让顾客心甘情愿地购买这些产品。于是，在之后半个月内，他每天都会派专人去做推销员。

当商店的代销逐渐稳定下来之后，他又增加了一项送货上门服务：为大公司的后院设计并铺设石子小路；为小学、幼儿园的操场设计并铺设石子乐园；为个人、家庭设计并铺设室内石子过道、石子健身阳台以及石子浴室地板等，将一块块原本毫不起眼的小地方，装饰成一块块充满情趣的小乐园。

接着，他又在材料上下功夫，将单一的石子换成了各种各样的材料，比如，五彩缤纷的塑料、价值高昂的玉石等，以便更好地满足不同阶层人士的需要。

就这样，800多粒小石子为一个年轻人铺就了一条成功之路。

不要为自己缺乏创新能力而担心，慧能和尚曾经这样说："下下人有上上智。"就像别的能力一样，创新能力是能够通过教育与训练的方式激发出来，并且在长期的实践中迅速地提升的。它是属于全人类的共有的财富，是可开发的"能源"，并不是某个人或者某个国家所特有的。

每个人都可以进行创新。你最为明智的做法就是有意识地去激发自身的创新能力，让自己多些与众不同的想法，多些令人羡慕的创造。这样一来，成功女神早晚会青睐你的。那么，我们应该怎样培养创新能力呢？不妨参考下面的四个步骤。

1.全面而深入地对创新环境进行探讨

创新并非产生于真空当中，而是源于辛苦的工作、学习以及各种实践活动。倘若你正在费尽心思地做着某项工作，想要在这个具体的问题上做出一些成绩，那么，你就必须全心全意地投入到该工作中，深入地了解一下其关键性问题与环节，批判性地思考这项工作的实施步骤，通过与别人进行沟通与交流来搜集各类观点，思考自己在该领域的经验与优势等。总而言之，要全面而深入地对创新环境进行探讨，从而为创新准备更好的"土壤"。

2.让脑力资源处在最好的状态

在全面认识了创新环境以后，就能将你的精力放到手中正在进行的工作上了。你应该为自己的工作专门腾出一部分时间，如此一来，就可以专心工作，不受外界的干扰了。当人们将所有的注意力都放在创新阶段时，通常就完全察觉不到发生在他们身边的事情了，同时也会丧失时间的概念。当你的思维处在最佳状态的时候，你就会尽一切可能地将自己的工作做好，将还没有开发的脑力资源挖掘出来。而这种脑力资源就是一种深人的创新思路。

让脑力资源处在最好的状态，有利于"做好思想准备"。那么，我们应当怎样做才能让自己的脑力资源处在最佳状态呢？

（1）适当进行调节

当我们走进教堂的时候，就会让自己对这里的气氛加以适应，表现出认真和专注。所以，你也能使用相同的方式来对你在学习环境中的注意力进行调节，在对学习环境进行选择的时候，一定要将它是否对你专心有利考虑在内。

（2）改正不良习惯，养成新的心理习惯

每个人都有很多行为是习惯性的，其中，有些行为属于积极的，而有的则是消极的，不过，大部分的行为还是居于积极与消极之间的。学习必须要全心全意，这就是说你应该将对你全身心投入造成不良影响的坏习惯改正，比如，在同一时间内总是想着做多件事情等。与此同时，如果想要让脑力处在最好的状态，你还必须要养成新的心理习惯：寻找一个恰当的地方，调配充足的时间，认真地进行有创意的思考。你可能需要花费很大的心血，付出极大的努力，才能养成这些新的习惯，但是，它们很快就会转变成你的本能，帮助你快速地提升创新能力。

3. 使用技巧促进新思维的产生

创新性思考要求你的大脑处于放松状态，寻找出不同事情间所在的某种联系，从而产生与众不同的可能性。为了调整自己，使自己处于创新状态，你一定要摆脱自己所熟悉的思考模式和看问题的习惯方式。为此，你可以采用下面的两种技巧来使你的思维变得更加活跃。

（1）群策攻关法

1963年，艾利克斯·奥斯伯提出了"群策攻关法"，这是一种与别人一同工作产生与众不同的想法，并且创造性地将问题解决的办法。在比较典型的群策攻关过程中，都是一组人在同一个地方工作，在特定的时间内尽可能多地提出各自的思想。在提出思想与看法之后，并不立即判断或者评价它们。否则会对思想的自由流动起到抑制作用，会对人们表达看法造成妨碍。批判性的评价应当延后，放到最后一个阶段进行。在进行创造性的思考时，应当鼓励人们善于对别人的意见与建议予以借鉴，因为多种思想交互作用往往会产生创造性的观点。你也能通过自身思想无意识的流动及自己的联想力，来促进自己的思想擦出新火花。

（2）创造"大脑图"

"大脑图"属于一种工具，这种工具有着多种用途，比如，可以用来提出自己的看法，表达不同观点间的联系等。在创造你的"大脑图"时，可以这样做：在一张A4纸的中间将主题写下来，然后将你可以想到的与该主题有关的观点都记录下来，并且用连线的方式将其连起来。让你的大脑跟着这种建立起来联系的活动自由地运转。你应当尽量快地思考，不要担心次序或者结构，让其顺其自然地将结构呈现出来，要将你的大脑在顺其自然的状态下建立联系与组织信息的方式反映出来。当你将这个过程完成之后，就可以十分容易地在新信息与你迅速加深理解的基础上，对其结构或者组织进行修改。

4. 留出充足的酝酿时间

将精力放在你正在进行的工作任务上后，创新的下个步骤便是停下你手中的工作，为创新思想留出足够的酝酿时间。此时，你的大脑依旧在持续运转着——对信息进行处理，使信息变得更具条理化，最终生成创新的思想与方法。该过程便是大家熟知的"酝酿成熟"的阶段，因为它可以很好地将创新思维的生成过程反映出来。

当你在工作的时候，大脑在不停地运转着，直到恍然大悟的那一瞬间，已经酝酿成熟的构思就会爆发出来。

综上所述，虽然创新并不是什么神秘莫测的事情，但它具有相当强大且神奇的力量。为了在竞争已然白热化的现代社会中占据一席之地，我们应当努力地创新，从而为自己铸造辉煌的成功。

换个角度看问题，突破思维定势

法国著名的科学家费伯曾经做过一个相当有趣的实验：

他在一个花盆的边缘以首尾相接的方式放上一整圈的毛毛虫，而后，他又在不远处撒满了毛毛虫最爱吃的鲜嫩松针。

当他试图用竹筷拨动其中的一只毛毛虫前进，其他的毛毛虫也都会跟着行进。当前面一只毛毛虫向前进，后面那只虫子就会随着它的方向前进。

结果，毛毛虫从头到尾都一直绕着花盆的边缘行进，直到7天7夜后，毛毛虫全都饥饿而死。在此期间，没有任何一只毛毛虫爬出这个莫名其妙的限制圈。

其实，只要其中有一只毛毛虫稍微转个方向，毛毛虫就能吃到那些松针了，却没有一只毛毛虫愿意冒险向外移动。

在生活中，我们总喜欢用一种常规的方式来思考、决策，年复一年、日复一日地遵循着一种既定的模式生活，从未想过要换一种方式。一旦思维方式形成了一种习惯，不管我们遇到什么样的问题，都会下意识地沿着既定的思维运作，这就好像那些因饥饿而死去的毛毛虫一样，因为不懂得独立思考，转换方向，所以其解决问题的能力始终都会停留在同一个层级，直到力气用尽，被死神带走。等我们发现自己还可以有别的选择的时候，就已经晚了。

无数事实证明，伟大的创造、天才的发明都是从突破思维定式开始的。善于创新，不被世间烦琐的规矩和无数已经论证的定理、定律缠住脚步，是成功最需要的精神所在。如果在原有的思维里故步自封，过分依靠以前的优势和经验是阻碍你成功的大忌，而世界观和生活环境也会同时对你的思维、行为和习惯产生影响。就像我们通常所说的"书呆子"，他们只会不假思索地学习、学习，却从不去思考为什么自己要学习这样的定理，这样的定理是怎样被发现的，对未来会产生怎样的影响，等等。"只学不想"成习惯就只能在前人与自己画出的圈里生活，但也许你稍微拓展一些思路就能把思维的圈子扩大一些，一点点积累，最后实现突破。

因此，在遇到难以解决的问题时，我们要学会换个角度看问题，突破定势思维，这样才能更好、更快、更完美地解决问题。

"无中生有"也是一种实力

不管是以前的努力，还是现在的付出，都是为了能够拥有一个美好的未来。未来是未知的，同时也是不可预测的，但我们却能够利用超前思维对未来进行预知与把握。大量的事实已证明，成功人士就是凭借超前思维将现实的层层迷雾拨开，在追梦道路上的各种障碍上跳过，最终进入了梦寐以求的胜利殿堂。

什么是思想超前？用一句古话来形容，便是未雨绸缪，运用长远的目光，尽早谋划未来。拥有超前思想的人，可以察觉到各种处于隐匿状态的机遇，从而做好准备工作，然后果断出击，达到"无中生有"的震撼效果。

创新不仅代表着机会，也代表着风险。若想走"无中生有"这条路，没有超凡的胆量与气魄可不行。所以，不管是谁，若想走出别人还没有走的道路，取得别人未曾取得的成功，就必须具有承担风险的勇气，能够勇敢地面对失败。

美国有一位很有名的牙科医生，名字叫作威尔士。他也是西方医学领域最早做麻醉手术的试验者。在威尔士之前，西方还没有掌握对人体进行麻醉的方法，外科手术均是在相当残酷的条件下进行的。

后来，英国著名的化学家戴维发现了笑气，也就是氧化亚氮。1844年，美国一位名叫考尔顿的化学家想要知道笑气会对人体产生怎样的作用，并对此进行了考察和研究。不久之后，考尔顿开始带着笑气前往全国各个地区进行旅行演讲，而且还经常当众进行笑气"催眠"的示范表演。

有一天，考尔顿来到美国一个城市做笑气"催眠"的示范表演。但是，令他没有想到的是，在表演的过程中，一个意外发生了：由于一开始太过兴奋，表演者在吸入笑气以后，忽然从半昏睡状态猛地跳了起来，然后，神志错乱地大声喊叫、吵闹，接着，又从围栏上跳了出去，不停地追着观众跑。在追逐的过程中，因为他的神志错乱，所以，其动作也十分混乱，大腿根部一不小心就被围栏划破了，大量的鲜血不停地往外流。

看表演的观众早已经被这位表演者吓呆了，这个时候，又看到他居然不顾伤痛追着他们跑，更是非常惊恐，尖叫声不断地传来。最后，表演不得不匆忙谢幕了。

尽管这场表演异常失败地结束了，但是威尔士对那位表演者腿部受伤却感觉不到疼痛，还能追逐观众的现象留了心。于是，他马上开始研究氧化亚氮对人体是否具有麻醉作用。

1845年1月，威尔士在实验取得成功以后，来到了医院当众表演无痛拔牙。在表演刚开始时，威尔士先让病人吸入一些氧化亚氮，让他逐渐进入昏迷状态，然后，正式开始拔牙手术。然而，非常不巧的是，因为表演的那名病人没有吸入足量的氧化亚氮气体，导致麻醉程度不够，所以，威尔士在用钳子将病人的牙齿夹住向外拔的时候，那名病人就疼得大声叫了起来。

大家看到这种情况之后，先是十分惊讶，随后纷纷指责他是个大骗子，并将他从医院赶了出去。

威尔士的无痛拔牙表演以失败告终，随后，他的精神也陷入了崩溃状态。他开始觉得手术疼痛属于"神的意志"，于是他就将麻醉药物的研究放弃了。

但是，威尔士的助手摩顿却并不这么认为，并且自行开始探索。1846年10月，摩顿在波士顿的一家医院再次公开进行麻醉手术实验。结果，他取得了成功。

"无中生有"需要超凡的胆识、惊人的气魄以及超强的毅力，在"无中生有"这条创新的道路上，风险与失败往往会结伴而行。只有那些不害怕艰难险阻，善于从挫折与失败中吸取经验，并且坚持到底的人，才能够获得成功女神的青睐。

失败往往也有很大益处，它不仅可以促使人进步，而且也是产生创新的良方。一次失败并不意味永远失败，对失败心存畏惧，不敢进行创新的人，就好像因为担心跌倒而不敢向前走的人一样。"无中生有"是一种智慧，若想开辟这样一条创新的道路，就必须先做好接受失败的准备，并将其视为成功创新的必经之路。

谁说结局不能够改变

众所周知，任何人的出身和成长环境都不是自己能决定的，但这并不意味着出身不好，不会有好的前途。重要的是要通过不懈努力扭转自己的命运。

一个冬天的早晨，在一片冷冷的晨雾中，威尔逊先生在路上遇见了一位正在乞讨的盲人。他掏出100美元给了这位盲人，正准备离开的时候，盲人却紧紧地将他的手握住，说道："您知道吗？我并非天生就是个盲人，23年前，希尔顿工厂发生了一次大爆炸，才造成了我今天的痛苦。"

威尔逊先生听到这里，心猛地抽搐了一下，想要说些什么又没有出声，静观其变。

接着，这位盲人狠狠地诅咒道："都怪那个大个子！那个时候，我费了九牛二虎之力才到了门口，但是逃命的人实在太多了，大家都挤在了一起，谁也出不去。此时，有一个大个子在我身后大声地喊道：'我不想死，我还非常年轻呢，让我先出去！'于是，他推倒了我，踩着我的身体逃了出去。再次醒过来的时候我才发现自己变成了盲人！"

"先生，你说反了吧！那个时候的情形根本就不是这样的吧！"威尔逊先生的语气听起来相当冰冷。

威尔逊先生忍着滔天的怒火一字一句地说道："我正是那个被你推倒的人，是你踩着我的身体跑出去的。你所说的那句话，我这一辈子也不会忘记！"

盲人好像用尽了全身的力气攥着威尔逊的手不放，并且声嘶力竭地喊道："我是从那里逃了出来又怎么样？最后，我变成了盲人；你虽然倒在了里面，但是你却毫无损伤！命运为什么对我这样不公平？这是为什么啊！"

"拜你所赐，我也变成了一个盲人！"威尔逊先生用力将那个盲人推开，摸了摸自己手中十分精致的手杖，"但是，我与你不一样：我从来不相信命运！"

对于每个人来说，命运都是公平的。面对命运的淫威，有些人誓死也不屈服，最终将自己的命运掌握在了自己的手里；有些人却对命运屈服，被命运左右，心甘情愿地成了它的奴隶。因此，即便遭遇相同，也会有不一样的命运，而且并非偶然。

几个朋友相约去爬山，有个人没爬多久，就累得筋疲力尽了，她感觉自己无论如何也不可能到达目的地，一步也不愿意走了。但是，队友的鼓励不断地在她耳边响起："亲爱的，振作一点儿，加快步伐，都走了大半路程了。""亲爱的，加油啊，马上就要到了。"

······

过了一阵，那位"死都不上来"的队员也终于爬上来了。

事后，有人问她是怎么坚持下来的。她说，那两位照顾她的队友家在本地，对这条路很熟悉。在十八里的好汉坡上，每前进一里，他们就会鼓励她，让她知道自己离目的地越来越近。每接近一点儿，大家便会有一阵儿的兴奋。她的情绪也越来越高涨，终于和大家会合了。

这就是"分段妙法"：那位走不动的队员因为没有目标，泄了气，情绪低落，所以走不动了，但经过当地人的引领，她知道自己的目标在哪了，就有动力坚持下去了。

在行动的时候，如果缺乏目标，那么只会令人泄气。只有清楚明白地知道自己的行动正在慢慢接近目标，才有动力很好地维持下去，并且有所加强。只有这样，自己心理上才会像注入兴奋剂一样，积极而自觉地克服所有的困难，竭尽所能地实现自己的目标。

总而言之，结局可以改变，只要不懈努力、奋斗，最终，你也可以亲手改变命运。

第十章

奋斗，
用尽全力去争取

对待事情，要像订书器一样专注

弟子询问师父："师父，禅是什么？"

师父回答："禅，其实很简单，就是在该扫地时扫地，该吃饭时吃饭，该睡觉时睡觉。"

弟子诧异地问："师父，就这么简单？"

"没错。"师父说："但是做得到的人不多。"

对于很多人来说，之所以会与不少机会失之交臂，就是因为不重视眼前的事情。对于我们而言，无论是工作，还是休闲，专注此刻是十分重要的。专注此刻，认真、专注地对待正在做的事情，才能从中获得你想要的成功。

掌握此刻的关键就在于，一次只做一件事情，而不是在同一时间做两件以上的事情。如果手中做着一件事，同时心中又想着另一件事情，就会产生矛盾。如果你想着别的事情，那肯定不能放开手脚去做自己正在做的事，因为一个人的精力是有限的。

最为明智的选择是先将最重要的事情做好，然后依照轻重缓急的顺序做好后面的事。只有当你专注地去做最为重要的事情时，才能够更好地分配自己的精力。在将一件事情彻底地完成之后，再着手做下一件事，才能更好地提高效率。并非所有的事情都需要你投入一样的精力，分不清楚重点，一会儿东一会儿西，摸不准方向只能让你变得十分混乱，不知道自己到底应该做什么，降低了工作的效率。

瑞瑟曾提出一个问题："成功的第一要素是什么？"

爱迪生对这个问题的回答是："能够将你身体与心智的能量锲而不舍地运用在同一个问题上而不会厌倦的能力……你整天都在做事，不是吗？每个人都是。假如你早上7点起床，晚上11点睡觉，你就做了整整16个小时。对大多数人而言，他们肯定是一直在做一些事，惟一的问题是，他们做很多事，而我只做一件。"

我们经常会用到订书器。但是，你是否想过，好几百页纸摞在一起，就连十分锋利的刀也很难一次性穿过去，为何能被那又细又短，并且看起来也不是很坚硬的订书钉一次性穿透呢？

答案很简单，就是因为它能把所有力量都集中在两个小小的点上，并且垂直用力。在我们的身边，有不少看似聪明的人，能同时做许许多多的事，表面看起来，他们的能力相当强。然而往往到了最后，这些人并不能真正做成什么大事。与之相反，也有一些人，看起来十分弱小，没什么令人刮目相看的本领，但是最终却能够成就一番惊天动地的伟业。就是因为他们虽然看起来弱小，却能够像订书钉一样，认清自己的目标，集中自己所有的力量，毫不彷徨，绝不迟疑，坚持奋斗到最后。

倘若一个人太想将每一件事情都做好，那最终很可能会一事无成。有的时候，能够做成的事反而会因为兼顾别的工作而失败。

　　有一个十分勤奋的人，曾经花费了三年的时间同时报考中文本科自学考试、会计师资格考试以及律师资格考试，还抽出了一些时间研究围棋。这个人真的太聪明了，不仅将几个证书都拿了下来，围棋水平也达到了业余段位。

但是，令人感到遗憾的是，这些与他的工作及个人职业发展并没有什么关系，所以也就不会产生什么积极的影响。因为他的性格属于粗线条型的，所以会计师的工作并不适合他；因为他没有伶牙俐齿，不擅长辩论，且不爱与人进行辩论，所以律师的工作也不太适合他；而文学与围棋也仅仅是他的业余爱好而已。

更为糟糕的是，因为他在这些事情上投入了大量的精力，已经对他的工作造成了影响，曾一度引起上司的不满，甚至还差点因此失业。

不仅这样，因为他太忙了，根本抽不出时间来陪自己的女朋友。后来，女朋友也与他分手了。最后，他在自我反省的时候说，之所以会失败是因为本来可以做成的事情，却没能选择正确的、真正需要的去做。

那些真正能够取得成功的人就不一样了。他们可能没有做许多事情，却可以将自己所有的精力都集中起来，投入到一件事情上，大部分情况下，做好一件事情往往能够帮助一个人改变命运。

与一般人相比，如果一个人懂得集中所有精力专注地做好一件事，那就不会浪费时间了。因为他需要利用自己有限的生命来完成事业，所以一定要做出选择，坚持应该坚持的，放弃应该放弃的。将花费在交朋友、娱乐放松、争执辩论以及澄清事情等方面的时间减少，还必须要忍住，不要为了一点儿小事就纠缠不休，更应该迅速分辨出什么事情不重要，然后马上将它丢掉。

他非常清楚地知道，倘若一个人太想将每一件事情都做好，那他就不可能将最重要的事情做好。中国的大富豪陈天桥曾经这样说过："成功的人在很大程度上都是'偏执狂'，他们如果看准了一件事，就会一直坚持干下去，不会轻易放弃也不会轻易改变方向，直到有所收获。"

其实，除了大方向上应当具有专注的精神外，在平常处理事情的时候，也应该专注地去完成，这样一来，才能促进效率提升。不少人都清楚自己应该做什么事情，但往往将自己弄得很糟糕，许多事情都纠缠在一起，尽管投入了不少精力，也没有取得很大的成功。大量的事实已经证明，一次只做一件事情是提高工作效率的必要条件，将所有的精力都集中起来，才有可能最大限度地将潜能发挥出来。

人体的器官与其他装置有相同之处，一旦停止了运转，就会丧失动力；在停止一段时间后再去启动，就会花费更长的时间才能使其恢复到原来的状态。因此，不断地从这一项工作转到那一项工作之中，是极其浪费时间与精力的。

鉴于此，管理学家给人们提出一个建议：在工作中，应当避免没有必要的工作转换。也就是说，尽量将一件事情做好、做到位之后，再去考虑另外一件事情。而且，站在心理的角度来说，当一个人将一件事情了结之后，经常会产生一种解脱感与满足感，甚至还会产生很强的成就感，这种心理状态是非常好的，可以让你充满信心地面对接下来的事情，并将其做好。

如果一个人选择围着一件事情转，那么最后整个世界或许都会围着他转；如果一个人选择围着整个世界转，那么最后整个世界或许都会放弃他。

当你选择"一件事情"之后，就应当全身心地投入到你所选择要做的这件事情上去。如果你没有全身心地投入，就不会拥有长久的成功。

加拿大有一位很有名的田径教练，他曾经说："不管是不是参加竞赛的人，大多数都是不愿意付出太多的吝啬鬼；他们经常会有所保留，因为他们不愿百分之百地投入到一件事情中去，所以也无法将自己的潜力完全发挥出来。"

成功者都对热忱的力量坚信不疑，倘若必须要挑出一个与成功密不可分的条件，那只能是全身心的投入。各个行业的佼佼者，不一定都是最富有智慧、最强壮、最灵敏的，但绝对是最投入的。

总而言之，我们最明智的做法是先选择好一件事情，然后全身心地投入，并将这件事情做好，再进行下一件事情。

从"偷羊贼"到"圣徒"

在小村庄里有两名不务正业的年轻人。有一天，他们两人约好一同去偷羊，但在偷羊的时候却被主人当场抓住了。

根据当地的风俗，所有偷窃的人，都要在额头上刻字。于是，英文字母ST，也就是偷羊贼（Sheep Thief）的缩写，被刻在了这两名年轻人的额头上。

这让两名年轻人感到非常羞耻，其中一名因为不能忍受别人嘲弄的目光，选择离开家乡到别的地方生活。可是，不管他走到什么地方，总会招来很多人好奇的目光与询问："为什么你的额头上会有字呢？那字是什么意思？"年轻人因为这个原因感到很痛苦，一辈子都闷闷不乐，最后郁郁而终。

另一名年轻人一开始也为自己额头上的字母感到万分羞愧，也曾产生过远走他乡的想法。可是，他在十分慎重地考虑之后，决定留下来。他下定决心用自己的行动来对这份耻辱进行洗刷。

转眼，几十年过去了，这名年轻人终于为自己赢得了声誉。他善良而正直的品行得到了大家的交口称赞。有一名路过此地的外乡人看到这位白发苍苍的老者额头上的字母时，觉得十分好奇，便向当地人询问。当地人说："时间隔得太久了，我也记不清了。不过我估计是圣徒（saint）的缩写吧！"

当遭遇打击时，人们的反应可能是不一样的。有些人会选择逃避，有些人则会选择勇敢面对。这就是懦弱之人与勇敢之人的区别，勇敢者在跌倒之后往往能够再爬起来，然后朝着更远的地方继续前进；弱者跌倒之后，则会垂头丧气、一蹶不振，再也不敢站起来继续前进了。

的确，对于每个人而言，命运都是很公平的。你选择了怎样的道路，最终就会收获什么样的命运。

成功不能仅靠傻干活

或许你会有这样的疑问：为何相同的工作环境，相同的辛苦努力，得到的结果却是截然不同呢？不少人都觉得，只要自己付出了努力，就肯定会有好的结果。其实不然，努力是必须的，但仅有努力并不能取得成功。

那么，我们应该怎样播种成功呢？

1.树立正确的人生目标，努力拼搏不放弃

25年前，哈佛大学的学者对一群生活环境、家庭背景、智力学历等条件相差无几的年轻人做了一次调查。结果如下：

3%的人有明确并且长远的目标；

10%的人有明确的短期目标；

60%的人长远和短期目标都很模糊；

27%的人完全没有目标。

这是一个著名的有关人生目标影响力的跟踪调查。时间走过25年，学者再次调查他们的生活状况时，结果十分耐人寻味：

无目标的那群人，几乎都生活在社会的最底层。他们不断抱怨上天、诅咒命运、数落他人，过着失意的生活，靠社会的救济勉强度日。

目标不明的那群人，几乎都生活在社会的中下层。他们尽管生活安逸、工作稳定，但大都没有什么更大的成就。

有短期目标的那群人则完全不同：他们成了各行各业的专业人士，是社会的中产阶级；他们中的绝大多数人成了医生、律师、高级主管、营销专家，过着衣食无忧的生活。

而那些有明确且长远目标的人，则都成了各行业的顶尖人才，他们开办公司，竞选州长、总统。

当然，不是所有人都能按照自己的计划走完人生的轨迹，只有强者才能在各种突发事件中坚持原计划并超越自己，创造辉煌。

当身处漆黑的夜里请不要气馁，凭着永不放弃的精神，你终将寻找到黎明的曙光，顺利到达理想的殿堂。

2.发现自己的长处，巧妙利用寻机遇

（1）发现自己的长处

长处自然就是你最大的优势和卖点。每个人的优势包括先天形成与后天铸就的两个部分，现代测评技术帮你找到的往往就是先天形成的部分。

像美国的迈尔斯布里格斯类型指标，就是从"外向、内向""感觉、直觉""思维、情感""判断、知觉"四种维度出发，总结出了16种性格类型，每一种性格类型对应的维度都意味着个人的偏好。比如一个人的注意力和能量多专注于外部世界，即是外向型；看中想象力和信赖自己的灵感，即是直觉型；注重通过分析和衡量证据来做决定，即是思维型；喜欢以一种自由宽松的方式生活，即是知觉型。

当然，有关性格类型的分类还有很多种。但无论怎样划分，它为我们揭示的真相只有一个，那就是每个人都是独一无二的，都有自己的特长。你不必介意短处给你带来的烦恼，只要经营好你的长处，愿望就会实现。

至于后天形成的优势则包括了你在成长当中所积累的知识、技能、经验，甚至是你的人际网络，这些优势也会被经营成你的长处，同样发挥作用。

（2）扬长还须避短

虽然对长处的发掘可以为你带来更大的增值效应，充分利用，就可以事半功倍，但短处往往会使你功亏一篑。有一个著名的"木桶理论"恰恰说明了这一点。木桶能盛多少水不取决于桶壁有多高，而是取决于桶壁上最短的那块板，所以扬长也要避短。了解自己短处的目的在于更清楚地认识自己，在努力创造优势的同时，尽量规避短处可能给你带来的负面影响。

（3）寻找机遇规避风险

经营长处和规避短处实际上就是寻求机遇与避免威胁的过程，它要求人们更加关注外部环境可能带来的影响，一切都离不开市场，只有找到你的优势与市场潜在机遇之间的契合点，规避可能会对你的发展产生不利的潜在风险，才能得到更好的发展。

机遇和风险不一定是宏观层面的东西，也可能是一些很具体的细节。比如说你目前在一家小公司做财务工作，就可以发现小公司的财务工作由于人员少，分工不细，你方方面面都能涉及，得到更全面的锻炼，这正是很多刚入社会的人首先选择去小公司的原因。通过分析，你可能会对自己及自身的工作状况有更深入的了解，这对你做出下一步的发展决策会起到很好的助推作用。

所谓"长处"，指的是与别人相比，你更高明的地方。清楚地了解到自己所具备的长处，就意味着你已经成功了一半；弄清楚自己擅长什么，不擅长什么，就能够扬长避短，它就是上帝送给你的能够将天堂之门打开的金钥匙。

最后只有一只聋蛤蟆爬到了塔顶

但丁曾经说过："走自己的路，让别人去说吧！"我们顺着前人的脚步，踏在别人的脚印上，走过泥泞的岁月，却在成熟后不得不从别人的脚印中走出来，闯出自己的一片天地。

一群蛤蟆在进行比赛，看谁先到达高塔的顶端。周围有一大群蛤蟆在看热闹。

比赛开始了，围观者一片嘘声："太难为它们了！它们不可能到达目的地。"

蛤蟆们开始泄气了，可是还有一些蛤蟆在奋力摸索着向上爬去。

围观的蛤蟆继续喊着："太难了！你们不可能到达塔顶的！"

大多数蛤蟆都被说得丧失信心停了下来，只有一只蛤蟆继续向前，并且更加努力。

比赛结束，其他蛤蟆都半途而废，只有那只蛤蟆以令人不解的毅力一直坚持了下来，竭尽全力到达了终点。

其他蛤蟆都很好奇，想知道为什么就它能做到。可是大家惊讶地发现——它居然是一只癞蛤蟆！

可见一味听信别人，便会丧失自己，进而与成功无缘。

相传，上帝曾经摆出了10个数字，分别是：1、2、3、4、5、6、7、8、9、0，让面前的10个人去取，一人只能取一个。

人们争先恐后地拥上去，把9、8、7、6、5、4、3都抢走了。

取到2和1的人，都说自己运气不好，得到的数字很小。

可是，有一个人却默默地取走了0。

有人说他傻："拿个0有什么用？"

有人笑他痴："0是什么也没有呀！要它干啥？"

这个人说："从零开始嘛！"便埋头不言，孜孜不倦地干起来。

他获得1，有0便成为10；他获得5，有0便成了50。

他一心一意地干着、一步一步地向前。

他把0加在他获得的数字后面，便10倍、10倍地增加。终于，他成为一个成功且富有的人。

一个人成功的首要因素便是对自己有清晰的定位，因为最了解你的人不是别人，是你自己，最知道你想干什么的人也不是别人，而是你自己。如果因别人的一两句话你就改变自己的初衷，在奋斗路上拼搏了若干年因朋友的一两句建议你就停止前行，把已收获的全部放弃，那你永远也尝不到最甜的那颗胜利果实，永远也登不上"一览众山小"的成功巅峰，徒费大好年华，空留叹息和悔恨。

我们都有自己的生活方式、自己做人的原则，过于在意别人的看法、盲目地顺从他人，就会失去主见，丢掉自己，这样的人生，根本没有意义。请走自己的路，莫管他人言！

放纵就是放弃，总有一天你会为自己的任性埋单

能够为自己人生埋单的，只有你自己。即便是与你血脉相连的父母，也仅能起到辅助的作用。你的人生是灰暗不堪，还是灿烂多彩，都取决于你自己。

16岁了，他还在学校里混日子，打架、逃学，连老师都不敢管他，他还挺美的。

那年，他喜欢上一个女孩儿，给人家写情书。结果可想而知，那女孩儿根本瞧不起他，转手就把情书贴到了公告栏，他第一次感觉到羞辱。

17岁，他换了一所学校，开始努力学习，竟然考上了大学。

22岁，大学毕业，进机关工作，一杯茶，一张报纸，日子过得轻松惬意。那次，他去乡下看望朋友，惊奇地发现朋友竟然用一头狼来看家。从朋友那里了解到，狼自小跟狗一样训练，也就失去了野性。那一刻，他看着温顺的狼，就像看到了自己，心惊不已。不久，他离开了工作轻松的单位，独自去深圳闯荡。

24岁，他顺利进入一家外资企业工作。

27岁,他因为工作表现优异,被调到美国总部。第一天上班,他请同事吃饭。但是同事们坚持自己付账。那一刻,他仿佛明白了什么,以后更加努力学习。

他就是王其善,美国丹佛市全球第四大电脑公司的技术总监。

他说:"16岁,我明白了人只有尊重自己才能获得别人的尊重;22岁,我明白了只有学会自强自立,才能主宰自己的命运;24岁,我知道自信是成功的法宝;27岁,我知道了人只能自强,不能事事指望别人帮忙。"

自尊+自立+自信+自强=成功

这是成功的公式。很多人知道这个公式,但能严格执行,并取得理想结果的人却少之又少。有不少人明知道自己的行为不当,却依然纵容自己错下去,结果只能毁掉自己。那么,"纵容自己"指的是什么?

1.不要纵容自己的惰性

有人是天生怠惰,这种人没什么好说的,因为他根本没有克服"怠惰"的自觉。有人则是属于特定条件下的怠惰,例如长久工作后,休息所产生的无力、无心再工作的心理性怠惰以及高压力下所引起的反弹式怠惰。除了天生怠惰,任何形式、原因的怠惰都是可以理解与接受的,因为这是一种放松,一种自我治疗。但若纵容这种怠惰的情况,甚至沉溺于怠惰,则危机必定伴随终生,除了本身的退化之外,也给外敌可乘之机。

2.不要纵容自己的弱点

人都有弱点，有些弱点是先天的，无法矫正，但性格上的缺点却可以人为地去矫正或弥补。例如好色、好赌等这些致命的弱点，你如果不愿坦诚面对，尽力节制，反而纵容自己在这些方面寻求满足，那么就会给人以可乘之机，最终使自己堕落。

3.不要纵容自己的安逸需要

人都是好逸恶劳的，但安逸和危机是双胞胎，如果耽于安逸不做危机思考，或贪图安逸而逃避问题，则麻烦必至。"生于忧患，死于安乐。"古人之言，今人仍不可不信!

4.不要纵容自己的情绪

放纵喜怒哀乐的情绪，除了会影响别人的情绪之外，也会改变别人对你的态度。尤其是"怒"和"哀"的情绪，是一把利剑，很容易伤人。除了会使你的人际关系产生变化之外，也会使你对周围环境的认识产生扭曲，失去判断的准确性。

纵观中外历史，那些令人羡慕的成功人士，正是因为懂得自己必须为每一个错误的决定埋单的道理，才会不断反省、永远自律，绝不放纵自己，战胜一个又一个困难与挫折，迎来成功女神的青睐。

在最泥泞的道路上，才能留下最清晰的脚印

人活在这个世界上，不管是谁，都会遭遇挫折。但我们应该在挫折当中看到其具有的积极意义。英国有一位著名哲学家培根，他曾经说过："超越自然的奇迹大多是在对逆境的征服中出现的。"

挫折，可以帮助我们驱走惰性，促使我们奋进，也可以是一个新的成功契机。只要我们保持健康乐观的心态，直面挫折，把握机遇，往往就会与成功不期而遇。

1864年9月3日，一连串震耳欲聋的巨响在安静的斯德哥尔摩市郊响起，浓重的黑烟直冲天空，浓烟之后，一股火焰霎时蹿上天空。几分钟的时间，一场惨祸就降临到这个寂静的城市。当被这一状况吓呆的人们赶到爆炸现场时，只见原来屹立在这里的一座工厂已经被强烈的爆炸摧毁了，烈火将一切都燃烧殆尽。一个30多岁的年轻人被这一惨状吓得面无血色，浑身战栗。这个年轻人就是著名化学家诺贝尔。

诺贝尔亲眼看着自己一手建立起来的硝化甘油炸药实验工厂在一眨眼的工夫化为灰烬。除此之外，还有5个鲜活的生命也葬身于这场灾难中。其中，有1人是他正读大学的弟弟，另外4

个人是和他合作多年的助手和朋友。看着这5具烧得焦烂的尸体，诺贝尔痛不欲生。

得知小儿子惨死的噩耗之后，诺贝尔的母亲悲恸欲绝，年迈的父亲也因为受到强烈刺激而引发脑溢血，从此半身瘫痪。但是，这些苦难都没有令诺贝尔屈服，他依旧在继续自己的研究工作。对于诺贝尔而言，苦难并没有终止。爆炸惨案发生后，警察立即封锁了爆炸现场，并且严令禁止诺贝尔恢复工厂。人们像躲瘟神一样对他不加理睬，也没有人敢出租土地给他，让他进行危险性如此高的实验。

然而，这一连串的苦难并没有吓倒诺贝尔。几天以后，人们发现，一艘摆满了各种实验设备的平底驳船出现在郊区的马拉仑湖上，这艘驳船上有一个年轻人正在全神贯注地进行着一项化学实验。这个年轻人竟是诺贝尔！

诺贝尔面对令人胆战心惊的危险实验，并没有退缩，他也没有和他的驳船一起葬身马拉仑湖。在经过多次试验之后，他终于发明了雷管。雷管的发明推动了爆炸物理学的进一步研究。在这之后，一间间炸药制造公司被诺贝尔在德国汉堡等地建立起来。

一时之间，诺贝尔生产的炸药供不应求，来自世界各地的订货单纷至沓来，诺贝尔的财富与日俱增。

但是，苦难并没有离诺贝尔而去。

坏消息一个接一个地传来：在旧金山，因为震荡，运载炸药的火车随炸药一起被炸飞，毁得七零八落；因为在搬运硝化甘油时发生了碰撞，德国一家著名工厂瞬间爆炸，使得工厂和附近的居民住房变成了一片废墟；因为颠簸引起爆炸，一艘满载着硝化甘油的巴拿马轮船，在驶向大西洋的途中，永远睡在了海底，船上的水手也都全部葬身大海……

但这些并没有打败诺贝尔，诺贝尔用他的毅力和恒心，战胜了一个又一个挑战。诺贝尔把挑战狠狠地踩在脚底下，获得成功。在他与苦难的搏击过程中，一共获得了355项发明专利。他还用自己的巨额财富，设立了诺贝尔科学基金，支持后人的科学研究。诺贝尔奖也被全世界视为一种至高无上的奖项。

挫折中孕育着辉煌，是成功的朋友。成功大都伴随着挫折，但很多时候，挫折会先于成功到来，一遍一遍，直到将你打磨得足够坚强，足够强大，它们才会离去。挫折的到来是为了让我们更好地珍惜来之不易的成功。而成功本身，就是给那些在挫折中坚强不屈的人最好的奖章。

我们每个人都会遇到各种挫折，最好的对策就是正视它，并把它变为机遇。就如同一年四季，肯定有风雨交加的时候，也有阳光明媚的日子，要明白，只有狂风暴雨才能洗净尘埃。

这就是人生路，当你面对人生中的风风雨雨时，记得保持平和的心态，不要退缩，挫折的土壤中长出的智慧之树便会结出金色的果实。

不给自己留退路，拼尽全力去奋斗

　　人生之路十分漫长，任何人都不可能一帆风顺，每个人都可能会有"山重水复疑无路，柳暗花明又一村"的时候。当你陷入无路可走的境遇，也有可能是你最易获得成功的时候。正是因为已经无路可以走了，才会逼迫你倾尽一切地思考、想办法。这个时候的你，没有其他的选择，只能用尽全力，为自己寻找一条出路。想要将不可能变成可能，有的时候，真的需要你将自己"逼入绝境"，选择破釜沉舟。这样一来，取得成功的概率就会大大提升。

　　如果你不能狠下心对自己"下手"，那么成功就会变得困难。对自己宽容，才是最大的残忍。人有时候对自己狠一点，断了自己的后路，才会心无杂念地向前寻找出路，更容易获得成功。小溪没有退路才能流淌不息汇入大海；苍鹰没有退路，才从低谷驰骋到天穹；幼芽没有退路，才从地下钻出直到沐浴春雨……看看自然界中的这些生命，它们都在顽强地活着，虽然没有给自己留有退路，但是它们都能获得成功。必要的时候可以自断退路，让自己奋起拼搏，有可能出路就在努力之后，就在前方。

　　一位探险爱好者在一次攀岩的过程中，手被卡在石头缝隙里，无论他怎么努力都无法拔出来。他是只身一人出来探险的，没有同伴帮助，无奈之下，只好选择等待救援。可是等了几天，他身上带的干粮和水都没有了，救援的人也没有找到他。这时，他才意识到自己身处大山之中，要想让救援队发现自己的确是一件很难的事情。痛苦万分的他只好自己想办法。最后，强烈的求生欲望使他砸断了自己那只被卡的手臂，带着重伤，忍着疼痛，爬到了公路边，最后被路人救起。

一个人在没有退路的时候要想寻得出路是很简单的。因为这个时候，不用再去瞻前顾后地想办法，只要退到最次想想自己到底怎样才能活下去就行了。在逆境中，如果不能放开手脚，大胆去做，克服那些所谓的不可能，那迎接你的就必然是失败。上面例子中的那位探险爱好者正是凭借着自己的理智和胆识，勇敢地斩断自己的退路，让自己置身于命运的悬崖边上。正是这种毫无退路的境地，让他咬牙将自己的手臂砸断，保住了性命。

其实，许多获得成功的人，就是在无路可退的时候，被逼到绝境，这才想到了应对的办法，最终获得成功。

俄罗斯网坛明星莎拉波娃小时候过着艰苦的生活。在她4岁的时候，父亲为了能让她安心练习，就变卖了名下的全部资产，带着莎拉波娃到美国练习网球，为她创造了优越的训练环境。在这种情况下，莎拉波娃和她的家庭都没有了退路，他们只能拼命向前。莎拉波娃明白这种情况，她几乎每天都在刻苦练习，全身心地奋斗，最终成为一名享誉世界的网球运动员。

每个人都有惰性，只有在别无选择的时候，惰性才会减弱，主动性才能显现，才会更加努力地去探寻出路。生活中，一些人为了能让自己得到一时的清闲而不努力，最终，退路成为他们不成功的借口，成为他们失败后堂而皇之退缩的理由。当你在为自己留后路的时候，其实也是为自己放弃或者逃避寻找借口。在关键时刻，只有拥有破釜沉舟的勇气的人，最终才能得到成功的机会。

如果你决定走向远方，那么就请坚定你的想法，不要回头，不要犹豫。在危难时刻，犹豫不定只会让你变得更加懦弱、更加无所适从。如果决定要冒险，就一定要勇往直前、一气呵成，竭尽全力去冒最后一次险。人生没有回头路，因此一旦作出选择，就要立即行动，不能有一丝一毫的犹豫。

著名的奥运会跳水冠军胡佳被称为"拼命三郎"。虽然只有21岁，但是胡佳已经成功问鼎了奥运冠军。为了奥运会，他等待了4年，摆在他面前的，只有冲击成功，没有退路。

胡佳的奥运之路并不平坦，这还要从他小的时候说起。当时胡佳还在上小学一年级，湖北省业余跳水运动学校的教练来挑选小队员，他们一眼就看中了身体灵活的胡佳，于是把他招入了跳水队。经过一段时间的训练，6岁的胡佳已经熟练掌握了跳水的基本技能，他也成了队里最不怕吃苦的孩子。

在体能训练课上，别的孩子累得起不来，坚强的胡佳却还闷头往楼上跳，小腿直哆嗦，直到自己体力不支为止。回家后，看到疲惫的儿子，胡佳的爸爸就给他做按摩，放松他身上的肌肉。虽然按摩时很痛，但是小胡佳硬是凭借意志强忍着疼痛，没有喊过一声疼。

  时光荏苒，胡佳长大后顺利地进入了国家跳水队。从进队的那一天起，跳水明星田亮就成了胡佳追赶的目标。终于，在悉尼奥运会上，胡佳和田亮相遇了。胡佳在心里很尊重田亮，但他更想超越自己的偶像。

  后来虽然比赛输了，但胡佳没有后悔，因为他知道，自己的天分不如田亮，否则不会是这样的结果。他想：既然自身条件比不过，那只有苦练，总有一天能够成功！

  回到国家队后，胡佳更加拼命地练习。由于国家队的训练难度有所增加，于是胡佳决定开始练5255B这个在当时难度系数最高的动作。在随后开始的世界跳水锦标赛上，胡佳就展示了这个动作。虽然表现得不是很理想，但是毕竟有了新的进展和突破。很快，胡佳就被媒体评价为"中国跳水难度第一人"。为了挑战新的高度，胡佳又开始练习407B这个动作。胡佳知道，这个动作的危险系数很大。如果成功了，那就能够扬名立万。但是如果失败了，就没有退路了。

  经过刻苦训练，胡佳将这两个动作练到炉火纯青。虽然受了无数次伤，但是他从来没有想过放弃。这两个动作成了胡佳的杀手锏。

  4年很快就过去了，雅典奥运会到来了。胡佳告诉自己，机会来了，一定不能放弃。但人算不如天算，事情往往就是那么不如意。就在雅典奥运会前3个月，胡佳的脚腕韧带在训练中拉伤了。虽然受了伤，但是他隐瞒了病情，还在坚持训练。后来，记者采访时，他说："雅典奥运会前的心情很复杂。之前失败过那么多次，我都没有放弃，就因为自己的信念没有断。有时候练得都想吐了，我还会鼓励自己坚持下去。不到最后一刻结束，我不会放弃努力的。"

胡佳的这种坚强的意志是支撑他的精神支柱。这种置之死地而后生的精神让胡佳成功了，那一年的最后一跳，最终让他得到了100.98的全场最高分！

有的事情一旦下定决心要用尽全力去做，不要再瞻前顾后、畏首畏尾了。必须秉持竭尽所能、不遗余力的精神，置之死地而后生，如此才能让成功的可能性达到最高。只有将自己的退路斩断，才能全心全意地向前冲，硬着头皮也要上。

被自己淘汰，还是被别人淘汰？

不管你是刚刚步入职场的"菜鸟"，还是已经在职场中拼搏多年的
"老油条"，都不要忘了职场的一个准则：每天淘汰你自己。这是每一
个职场人都应当时刻告诫自己的话——你自己不淘汰自己，那就有可能
被社会或者他人淘汰！

沃尔特·达姆罗施是美国一个非常有名的指挥家。在20多
岁时，他就开始担任乐队指挥，但他并没有因此而骄傲自满，
并依旧保持着勤勉、谦虚的行事作风。当大家对他交口称赞的
时候，他是这样解释自己为什么会取得成功的：

刚刚担任指挥时，我也感觉十分自豪，觉得自己真是才
华横溢，无人可比。在一天排练时，我因为一时疏忽忘了将指
挥棒带来，正准备派人到我的家中去取。这时，秘书将我拦
住了，并且说道："不用了吧，你可以向乐队别的成员借一
根。"我心想：秘书太不明智了，除了我之外，别人怎么可能
携带指挥棒呢？但我不好直接回绝，就十分随意地问了一句：
"谁带着指挥棒呢？"没想到，我的话音刚落，大提琴手、小
提琴手以及钢琴手都说自己带着，并将指挥棒掏了出来。

我感到非常惊讶，突然醒悟过来：原来自己并非无可替代，不少人都在暗暗地努力着，随时都可以将我的位置取代。

从此之后，每当我感到飘飘然，想要偷懒的时候，就会想起那3根指挥棒，然后继续努力工作。

竞争并不是一件令人高兴的事情，但它却时刻存在，只要你停下奋斗的步伐，选择逃避或者放弃，就意味着你极可能被淘汰出局。

20世纪70年代，欧美的不少未来学家都曾做出过这样的预言："当人类社会进入21世纪之后，每个星期的工作时间将会减少至36小时，人们将会拥有更充足的时间来进行自我提升或者休闲娱乐。"然而，当21世纪真的到来之后，很多人不但没有如那些预言家们所说拥有更充足的自由时间，反而是工作时间延长了，有的甚至还超过了72小时。与此同时，人们的生存空间也被大大压缩了。为了能在竞争激烈的社会中占据一席之地，人们不得不将那少得可怜的闲暇时间与精力用在自我提升上。

但是，怎样做才能更好地自我提升呢？有些人试验过不少方法，但是依旧停留在瓶颈上。有一句名言说得非常有道理："容易走的都是下坡路。"在日常生活中也好，在平时的工作中也罢，肯定有些事情是你"不愿意"的，理由或许是太难了或者此事对你而言无关紧要。因此在逃避困苦、追求享乐的心理驱使下，不少人都会选择逃避或者拖延，从而促使压力降低。而这些你故意避开的事情往往就是促使你工作能力得以提升的突破口。

有很多方法，可以让自己进步，而"每天做些比较难的事情"就是一种"逼迫"自己进步的方法。当然了，你不能指望自己在短短的几天之内就会发生翻天覆地的变化，要知道"欲速则不达"。其实，你每天只需要取得一点点进步，久而久之，就会发生脱胎换骨的变化。

倘若你在学校期间不喜欢学习外语，但是为了将来求职、晋升以及跳槽的需要，那么你每天都要"逼着"自己多说英语、多背英语单词、多做英语题，提升自己的英语水平；倘若你从事销售行业，却由于缺乏沟通能力而有些惧怕与客户正面打交道，那你每天就应当"逼着"自己勇敢一点儿，多与客户进行沟通和交流，积极为客户讲解产品信息，早日拿下该客户……

倘若你不清楚从哪入手改变自己的现状，那么就从你正面临的"困难"开始吧！比如，老板吩咐你去做却因故被你拖了很长时间的工作，你对他人做出的却未曾实现的承诺等。现在立即将它们全都找出来，列出一个具体的执行时间表，然后慢慢地将它们一一实现。

别总担忧你能不能坚持到最后一分钟，或最后是否能够取得你预期的效果，努力地尝试一下，先从你最讨厌的事情开始做，这不但会让你产生与第一件工作相比，第二件工作没那么烦人的感觉，还会大大增强你的信心，甚至让你感到自豪。

最后，你就会发现，那些曾经困扰了你很长时间，让你非常头疼的问题，居然在一点一点的进步中慢慢地松动，最终完全瓦解，你的人生也跃上了一个更高层的阶梯。运用"一切都有可能"的思想进行思考，就好像在自己的内心深处放了一个优质的马达，它会促使你积极主动地思考，你会变得比以前更勇敢，拥有战胜一切的实力，最终超越自我，成就自我。

成功就是爬起来比跌倒的次数多一次

很多人成功攀上了顶峰，并不是得到了上天的眷顾，而是在每一次失败的时候都坚强地站了起来。当他站起来的次数比跌倒的次数多的时候，哪怕就多一次，他就站在了那里，因为胜利永远只向强者招手！

所以，有人给成功下了个定义，说成功就是不断跌倒，再不断地爬起。直到有一天你发现，爬起的次数比跌倒的次数多一次。的确如此，机会对每个人都是均等的，你不能一味地抱怨生不逢时、无人赏识。

在追求成功的道路上，到处都是坎坷与荆棘，难免会跌倒摔伤，但是在跌倒受伤之后，若能坚持爬起来，处理下伤口，继续前行，那么你最终必然能够到达胜利的彼岸。其实，成功很简单，只要你站起来的次数比跌倒的次数多一次即可。

1892年夏天，美国的密苏里平原接连降下暴雨，导致洪水肆虐，将无数条公路、农舍以及庄稼都冲毁了，致使很多人失去了自己的家园。

有一个穿着破衣烂衫、身材十分瘦弱的小男孩，站在自家农舍外围的一座高坡上面，眼睁睁地看着洪水咆哮着冲过来，不仅河堤淹没了，而且也将他们家的农田淹没了。

在这种情况下，他的父亲不得不求到银行家那里，希望能允许他们将还贷日期延后。然而，冷酷的银行家却毫不犹豫地拒绝了，并以没收他们的所有财产作为要挟。

于是，垂头丧气的父亲只能赶着马车回家，在经过一座桥的时候，他将马车停了下来，然后下车之后，扶着栏杆呆呆地望着桥下的河水。

"爸爸，您在等什么人吗？"小男孩十分疑惑地看着自己的父亲。

父亲没有回答，只是不由自主地流眼泪。小男孩用尽全身力气将父亲的大腿抱住，似乎想要以这样的方式鼓励父亲，给父亲一些力量。最后，父亲再一次踏上了回家的路。

没多久，一位很有名的演说者前往那里演讲。在演讲的过程中，演说者精彩绝伦的口才、动人心魄的故事对男孩产生了很深的影响。"一个来自农村的小男孩，不畏惧贫穷，甚至不畏惧所有的困难而坚持不懈地努力着，他最终肯定会取得成功的！"演说者说到这里就问听众："你们知道那个男孩是谁吗？"接着，他又自己给出了答案："亲爱的女士们、先生们，你们看，那个男孩就是他。"演说者说完之后，随手指了一个方向。尽管演说家只不过是随意一指，但是那个男孩却感觉演说家指的男孩就是自己。从那个时候开始，男孩就暗暗发誓：我将来一定要当一名出色的演说家。

但是，在以后很长一段时间内，他都因为破烂不堪的衣服、笨拙无比的外表以及缺少食指的左手而感到十分自卑。

后来，他就读于全国重点师范院校，成为一名师范生。有一次，他穿着一件非常破旧的夹克刚刚走上台，台下就有人喊道："我爱你，瑞德·杰克！"随后，观众们开始哄堂大笑。原来，在英语中瑞德·杰克的谐音词就是破夹克。还有一次，他的演讲刚刚进行了一半，他居然忘记了下面的演讲词。于是，在观众的哄笑声与口哨声中，他非常尴尬地站着一动不动。

后来，他又进行了几次演讲，但都以失败告终。这让他心灰意冷，甚至开始怀疑自己的能力。又一次演讲以不理想的结果谢幕后，他迈着疲惫而沉重的步伐往家走，在经过一座桥的时候，他停下了脚步，望着桥下的水发呆。

"宝贝，为什么不再试一次呢？"不知道什么时候，父亲已经来到了他的身边，面带微笑地看着他，眼中是对他满满的鼓励与信任，就像多年前的午后一样。

在随后的两年内，人们经常可以见到一个身材瘦弱、穿着破旧衣衫的年轻人，一边在河边来来回回地走动，一边小声地背诵着一些名人的名言警句。他看起来是那样的全神贯注，眼神中神采飞扬。

有一次，当他在练习一篇演讲的时候，因为其神情过于专注，并且时不时地还夹杂着一些手势，所以被附近的一个农民误会是个疯子，还报了警。当警察赶来，细细询问之后才知道，这原来是个误会。

1906年，这个年轻人进行了一场名为《童年的记忆》的演说，并且赢得了勒伯第青年演说家奖。就是在那一天，他首次感受到了成功的喜悦。

30年过去了，他已经成为闻名于全球的人际关系学家与心理学家，他所撰写的《成功之路》系列丛书在世界图书销售榜中稳居第一名。即便在他死后的很多年中，世界各个地区的人们依旧在用不同的方式不停地说着他的故事。他就是拥有"20世纪最伟大的人生导师和成人教育大师"美誉的戴尔·卡耐基。如今，几乎每一个美国人都爱说这样一句话："为什么不再试一次呢？"并以此来对自己的孩子们进行鼓励。

著名的思想家艾丽丝·亚当斯曾经说过一句话："世上没有所谓的成功与失败，除非你不愿意再尝试。"戴尔·卡耐基用自己的实际行动印证了这句话。我们在感慨他颇具传奇色彩的一生时，也应该进行深刻的思考。

当我们回顾自己那些曾经成功历程的时候，是不是发现站起来的次数永远比跌倒的次数多？而当你遭遇失败时，最想听到的一句话是不是"没关系，你可以再来一次"。

世界上没有垃圾，只有放错位置的财富

同样的事情，用一种思路来看，可能只是平常；但若换个思路，结果往往迥然不同。懂得变通的人，常常善于从看似平淡的事情中，找到更多的捷径。

在平常人看起来，不过是一钱不值的一堆垃圾，可是对于懂得变通的人来说，稍微换个思路，垃圾就只是放错了位置的财富。

1946年，休斯敦有一对做铜器生意的父子。一天，父亲问儿子："一磅铜的价格是多少？"儿子答："35美分。"父亲说："对，整个得克萨斯州都知道每磅铜的价格是35美分，但你应该说3.5美元。你试着把一磅铜做成门把看看。"

20年后，父亲死了，儿子独自经营铜器店。他做过铜鼓，做过瑞士钟表上的簧片，做过奥运会的奖牌。他曾把一磅铜卖到3500美元，这时他已是麦考尔公司的董事长了。

然而，真正使他扬名的，是纽约州的一堆垃圾。

1974年，美国政府为清理那些给自由女神像翻新扔下的废料，向社会广泛招标。但好几个月过去了，没人应标。正在法国旅行的儿子听说后，立即飞往纽约，看到自由女神像下堆积如山的铜块、螺丝和木料后，未提任何条件，立即签了字。

当时不少人对他的这一举动暗自发笑。因为纽约州对垃圾处理有严格的规定，弄不好会受到环保组织的起诉。

就在一些人等着看他的笑话时，他开始组织工人对废料进行分类。他让人把废铜熔化，铸成小自由女神像；再把木头加工成木座；废铅、废铝做成纽约广场的钥匙。最后他甚至把从自由女神像身上扫下的灰尘都包装起来，出售给花店。

不到3个月时间，他将这堆废料变成了350万美元，每磅铜的价格整整翻了100万倍。

揭开"垃圾变黄金"的奥秘，背后往往是一些简单到引人发笑的创意，却能真正意义上把一堆垃圾变废为宝。世界上没有垃圾，只看从哪种角度看待这件物体。比如一台美术用电脑，给商业人士使用就是一台不好用的垃圾，而给美术工作者使用，则会让他们如获至宝。

每个人都不是垃圾，在这个世界上，必定有属于你的一方天地，也必定有属于你的一条成功之路，所以努力去充实自己吧，这样才能在机会到来之时，稳稳抓住它。